"农村安全教育"系列丛书

《农村生产安全》编委会

丛书主编　　姜明房

本册主编　　陈红彦

全国农村成人教育培训通识课程"农村安全教育"系列丛书

全国"农村安全教育"课题研究系列读本

农村
生产安全

中国成人教育协会农村成人教育专业委员会 组织编写

姜明房 陈红彦 主编

广陵书社

图书在版编目（CIP）数据

农村生产安全 / 陈红彦主编. -- 扬州 ：广陵书社,
2016.3
（农村安全教育系列丛书 / 姜明房主编）
ISBN 978-7-5554-0522-1

Ⅰ．①农… Ⅱ．①陈… Ⅲ．①农业生产－安全生产－
基本知识 Ⅳ．①X954

中国版本图书馆CIP数据核字 (2016) 第050895号

丛 书 名	"农村安全教育"系列丛书
主　　编	姜明房
书　　名	农村生产安全
主　　编	陈红彦
责任编辑	严　岚
出版发行	广陵书社

扬州市维扬路 349 号　　　邮编　225009
http://www.yzglpub.com　　E-mail:yzglss@163.com

印　　刷	江阴金马印刷有限公司
开　　本	720 毫米 × 1020 毫米　1/16
印　　张	5.25
字　　数	70 千字
版　　次	2016 年 3 月第 1 版第 1 次印刷
标准书号	ISBN 978-7-5554-0522-1
定　　价	82.00 元（全 3 册）

序

当今，中国社会进入了全面建设小康社会的历史发展阶段，整个社会特别是中国农村的富裕文明程度将有较大的提升。然而，中国社会发展的薄弱点仍然在农村，而我国农村约占国土总面积的三分之二，农村人口约占总人口数的二分之一，如果没有农村和农村人口的提高和进步，无论我国城市和工业发达到何种程度，最终的小康社会建设目标将难以达成。

一直以来，党和国家都在致力于农村条件的改善、农民生活水平的提升。广大农村经过建设和发展，正逐步走向现代与文明。今天，无论走进江南小镇还是塞北村庄，都会看到农民在吃穿住行各个方面的显著变化。电器被普遍使用，电脑与汽车在悄悄改变着农村家庭的生活方式，广场舞与健身操也成为农民日常生活的一部分。应该说，我们一直坚持的改革开放政策，给农村和农民也带来了翻天覆地的变化。但这种改变还需要进一步提速，因为农村在社会变革的宏伟蓝图中扮演着重要角色，全面小康社会目标必须以农业现代化和农民富裕为基础，中国所酝酿的国家大计必须以解决三农问题为前提。2014年，教育部、农业部共同颁布了《中等职业学校新型职业农民培养方案》，这一方案的推行和实施，标志着国家对三农的扶持由政策和物资过渡到了人才培养。人的因素在生产力中是关键因素,农村的改革和建设,最终还是要靠农民来承担,如果农民的素质上不去,一切改革都会因为找不到落脚点而不了了之。新型职业农民是能够担当现代农业经营和管理、建设和创新的高素质人才,具有高度的社会责任感、宽广的视野、良好的科学文化素养和自我发展能力、较强的农业生产经营和社会服务能力。这是国家对新时期主要从事农业生产人员的培养目标。为了实现这一目标,进一步推动这项工作开展,中国成人教育协会农村成人教育专业委员会组织有关部门和专家进行农民教育课程开发,《农村卫生安全》《农村生产安全》《农村家庭财产安全》这套丛书就是在这样的背景下诞生的。

根据生存方式,我们可以把当代农民分成两大群体,即外出打工群和务农留守群。进入发达地区工作的外出务工者,他们逐渐被环境同化,在思想文化等很多方面深受城市影响。而守着乡土的农民则相对见识少,很多人思想和观念都比较落后,容易忽略自身安全,常常因为无知而受到伤害。所以,组织编写了这套以农村安全教育为主题的丛书,将为普及各种农村安全知识,教授自我保护的方法和技巧,以避免那些不该发生的灾祸,产生积极的作用。

国家这些年一直推行惠农扶农政策,政府各个部门也都做了大量的工作,如发放知识宣传单、入驻村镇集中讲解等等,但一般只是简单的告知,知识既缺乏系统组织,也很少考虑接受者的状况和兴趣。本套丛书主要特点就是具有鲜明的教育性,从尊重和保护农民的人身财产安全出发,选择农村安全焦点问题,以浅显直白的语言讲述基本的安全常识和安全技能,同时配有生动风趣的漫画,力求农民一看就懂,一学就会。本套丛书的出版发行,不仅为农民的安全教育和新型职业农民培养提供了优秀的通识教材,也呼应了政府相关部门的三农工作,有利于农村工作的深入开展和农村精神文明的建设。

本套丛书精短实用,编写出版花费了一线教师、行业专家和出版社编辑的大量心血,是集体智慧的结晶,希望各中职学校、乡镇成人文化技术学校、农民教育培训机构、乡村政府部门要积极推广使用,以促进农民素质的提高和农村的文明建设;也希望广大的农民读者能够喜欢这套丛书,在愉快的阅读中获得知识,掌握方法,提高幸福指数。

2015 年 12 月

(本文作者为中国成人教育协会农村成人教育专业委员会理事长)

前　言

　　党的十八大之后，中央又召开了中央农村工作会议。会议强调，小康不小康，关键看老乡。一定要看到，农业还是"四化同步"的短腿，农村还是全面建成小康社会的短板。中国要强，农业必须强；中国要美，农村必须美；中国要富，农民必须富。农业基础稳固，农村和谐稳定，农民安居乐业，整个大局就有保障，各项工作都会比较主动。我们必须坚持把解决好"三农"问题作为全党工作重中之重，坚持工业反哺农业、城市支持农村和多予少取放活方针，不断加大强农惠农富农政策力度，始终把"三农"工作牢牢抓住、紧紧抓好。

　　农民是中国最勤劳、最朴实的群体，他们默默地在土地上耕种、劳作，遭受着风吹日晒，承受着强大的身体支出，是我们的国家和时代最应该关注和呵护的人。但是，由于农村地理位置偏僻，再加上大多数农民接受教育年限不足，相关知识普及不够，很多农民生活缺乏科学的指导，完全依靠简单经验，导致在各方面经常受到威胁和伤害，例如由于缺乏疾病预防知识小病积成大病，因病致贫，全家生活陷入困境。

　　为了普及农村安全教育知识，提高广大农民安全意识和生活质量，针对农村和农民实际，来自农村职业教育与成人教育的一线专业教师与相关行业专家一起编写了这套丛书，包括《农村卫生安全》《农村生产安全》《农村家庭财产安全》等，既可用来开展农村安全生活常识普及，也可作为新型职业农民培养的通识性教材。丛书在编写时主要遵循以下原则：

1.浅显易懂,便于农民自学。编写时尽量避开生涩学术性的概念,选择常用词汇简述知识,句式简单,力求只要具备初等文化程度就能独立进行学习。

2.启迪思想,促进观念转变。应用简单经验与应用科学知识是两种不同的生活方式,这其中起决定作用的是农民的观念。编写时尽量运用漫画、案例等直观生动的叙述方法,引导农民建立知识改变生活的观念。

3.强调应用,给予方法指导。按照"为什么、是什么、怎样做"的逻辑思维组织内容,淡化原理,突出操作方法和步骤,即重点告诉农民如何去做才能保证自身安全。

4.划分模块,适应灵活学习。在深入调查研究的基础上找到农村安全的主要问题,然后设计编写内容,这样各单元与模块都相对独立,使农民能够根据需要和兴趣进行选择性学习。

为了使教材内容贴近农民,我们多次深入农村调查走访,了解现状、问题及农民的想法。最触动我们的是一些遭受意外的家庭往往与缺乏知识相关,也正是由于这一点,我们有了强烈的责任意识,必须为农民做点什么,帮助他们了解生活生产安全常识,使他们走出误区,改善他们的境况。在这样的动机驱使下,大家认真严谨,积极寻求卫生、交通、法律等相关行业专家的指导和帮助,顺利完成了编写工作。在此,我们向那些不计名利,积极参与丛书编写工作的各行各业专家表示深深地感谢。

当然良好的态度并不能保证事情做得尽善尽美,本套丛书还有许多未尽事宜,仅供参考,具体问题还要请专家结合实际情况指导应用。欢迎读者提出宝贵的意见和建议,我们将虚心采纳。

编　者

2015 年 11 月

目 录

第一章　农业生产安全综述

一、农业发展概况

1. 农业的概念

春种一粒粟，秋收万颗子。农业，是以土地为生产资源，通过培育动植物生产食品及工业原料的产业。

农业的劳动对象是有生命的动植物，获得的产品是动植物本身。我们把利用动物植物等生物的生长发育规律，通过人工培育来获得产品的各部门，统称为农业，包括种植业、畜牧业、林果业、水产业、其他相关产业，俗称农林牧副渔。

2. 农业的地位

粮稳天下安。作为百业之基，农业的稳定发展关乎国民经济的正常运行。农业提供支撑国民经济建设与发展的基础产品，农业的发展关系着人们的温饱，是最重要的国计民生，是国家发展和社会稳定的基础。党和国家非常重视农业发展，连续多年的中央一号文件都是关于农业问题。

国家大，人口多，农业地位不用说。

温饱问题没保障，国泰民安何着落？

党中央，有要求，粮食安全放心头；

重视三农发补助，减轻负担民不愁。

十六亿，划红线，基本耕地不能占，

中央政策敢违反，贻害子孙罪万年。

3. 现代农业的概念

随着科学技术的快速发展,优良种子、大型机械、先进技术等越来越多的科技成果被运用到农业生产过程中,大幅度地提高了农业劳动生产率、土地生产率和农产品商品率,使农业生产、农村面貌和农户行为发生了重大变化。

现代农业,是指应用现代科学技术、现代工业提供的生产资料和科学管理方法的社会化农业。包括绿色农业、物理农业、休闲农业、工厂化农业、特色农业、观光农业、立体农业、订单农业等类型。

> 袁隆平,育良种,亩产超吨享盛名;
>
> 拖拉机,直升机,农业生产省人力;
>
> 互联网,物联网,无土栽培搞立体;
>
> 高科技,保丰收,现代农业创奇迹。

绿色农业:将农业与环境协调起来,促进可持续发展,增加农户收入,保护环境,同时保证农产品安全性的农业。大体上分为有机农业和低投入农业。

物理农业:是物理技术和农业生产的有机结合,是利用具有生物效应的电、磁、声、光、热、核等物理因子操控动植物的生长发育及其生活环境,促使传统农业逐步摆脱对化学肥料、化学农药、抗生素等化学品的依赖以及自然环境的束缚,最终获取高产、优质、无毒农产品的环境调控型农业。核心是环境安全型农业,即环境安全型温室、环境安全型畜禽舍、环境安全型菇房。

休闲农业:是利用农村的设备与空间、农业生产场地、农业自然环境、农业人文资源等,经过规划设计,让游客不仅可以观光、采果、体验农作、了解农民生活、享受乡间情趣,而且可以住宿、度假、游乐,从而提高农民收入,促进农村发展的一种新型农业。

工厂化农业:综合运用现代高科技、新设备和管理方法,利用全面机械化、自动化技术,能够在人工创造的环境中进行全过程的连续作业,高度密集型生产,从而摆脱自然界的制约。

特色农业:将区域内独特的农业资源、开发区域内特有的名优产品,转化为特色商品的现代农业。

观光农业:是一种以农业和农村为载体的新型生态旅游业。

立体农业:着重于开发利用垂直空间的自然资源、生物资源和人类生产技能,实现由物种、层次、能量循环、物质转化和技术等要素组成的立体模式的优化。

订单农业:是指农业生产者适应市场需要,依据与农产品的购买者之间所签订的订单,组织安排农产品生产的一种农业产销模式。

有机农业:是指在生产中完全或基本不用人工合成的肥料、农药、生长调节剂和畜禽饲料添加剂,而采用有机肥满足作物营养需求的种植业,或采用有机饲料满足畜禽营养需求的养殖业。

二、农业生产安全基础知识

1.农业安全

农业安全包括农业生产过程的安全、农产品的产量充足、农产品的质量安全、环境安全。即:人员不损伤,财产不损失,设备不损坏,环境不损害。

2.农业安全生产

在农业生产和经营活动中,采取措施,避免从业人员人身受伤害、财产受损失,保证生产经营顺利进行。安全与生产紧密结合,安全促进生产,生产必须安全。

安全是最大的节约,事故是极大的浪费。

遵章是幸福的保障,违规是灾害的开端。

3.农业生产安全的内容

种子安全：种子是农业之母，是农业科学的芯片，是粮食生产的源头；种业的可持续健康发展，对粮食安全的保障起着十分重要的作用。

化肥安全：化肥为农作物提供必需的营养元素，科学使用化肥是产量保障和环境保护的基础。

农药安全：农药不仅可以杀死农业生产中的有害病菌、害虫、杂草，保护农作物、动物成长，还可能危及人的健康和农产品质量。农民要安全使用农药，让农药更好地为农业生产服务。

养殖安全：从养殖环境、饲料、动物病害防治等环节，采用安全科学的措施，保障动物健康成长，为人们生产出大量优质的肉、蛋、奶等放心食品。

设施农业与气象灾害防御：设施农业可以人为创造适宜农业生产的微环境，是农业现代化的重要标志，要通过农业设施防御气象灾害，减少天灾带来的损失，可持续地发展农业。

农机使用安全：农机为现代农业、规模农业发展起到重要作用，同时，不当操作也严重威胁着从业人员安全，要科学使用农机，更好地服务农业生产和农产品运输、加工。

农产品质量安全：农业是基础产业，农产品质量安全是农业生产安全的重要内容，也是人们食品安全、健康生活的关键。加强农产品质量安全管理，科学储藏、运输、加工农产品，为人们提供安全、营养、放心的食品，意义重大。

三、农业生产安全存在的主要问题

农药和农机的不当使用，是造成人员伤亡的主要因素；化肥和农药的过度滥施是造成环境污染的主要因素；农药残留与添加剂不当使用是造成农产品品质下降的主要因素；假农资和气候灾害是造成产量下降的主要因素；自然灾害是造成农业基础设施破坏的主要因素。

　　农机农药用不当，致使人员有伤亡；

　　化肥滥用污环境，假劣农资降产量；

　　食品安全人人忧，雨雪冰霜风难防。

1. 农业生产对环境造成污染

　　在农业生产和居民生活过程中，不当地使用农药和化肥、焚烧秸秆、残留在农田中的农用薄膜、处置不当的农业畜禽粪便、恶臭气体、水产养殖等产生的水体污染物，都会对水体、土壤、空气和农产品造成严重污染。

　　用化肥，喷农药，过量物质留土壤；

　　除草剂，添加剂，胡乱使用害健康。

案例链接

　　2004年4月上旬，76个蔬菜样品被送到了某省农业环境检测中心的化验室，这些样品分别来自某市30多家蔬菜批发市场、超市及蔬菜生产基地。检测结果令所有人大吃一惊：45个蔬菜样品中的农药、重金属等项目超标，超标率59.2%。其中白菜、菠菜等叶类蔬菜超标明显高于西红柿、茄子等果类蔬菜，个别蔬菜中的重金属汞含量高出正常值的一倍多。

（摘自百度百科）

2. 环境污染危害农业生产

　　众所周知，环境污染已经到了非常严重的程度。蓝天白云逐渐被雾霾遮掩，淙淙溪流慢慢干涸，地下水位不断下降，土壤污染事件持续披露，这些农业生产的基础资源的状态直接影响着农产品的品质。

大工业,发展快,环境污染多雾霾;

土板结,水发臭,粮食鱼虾品质坏。

3.农业基础设施脆弱

我国是农业大国,农业基础设施脆弱,对灾害的反应很敏感,抵御自然灾害能力差。现在全国约有耕地16亿亩,每年平均有6亿—7亿亩蒙受水、旱、雹、风、冻、雪、霜等气象灾害的危害,少收粮食200亿公斤,倒房300万间,受灾人口2亿多人。

地广人多不均匀,自然灾害发生频,

基础设施投入少,半生财富一夜贫。

案例链接

1959—1961年,连年干旱引起了我国经济全面衰退。2008年1月10日,中国特大冰雪灾害,低温雨雪冰冻灾害造成全国19个省、市、自治区和新疆生产建设兵团发生程度不同的灾害。

4.农业病虫害频繁

农作物病虫害是我国的主要农业灾害之一,它具有种类多、影响大、并时常暴发成灾的特点,其发生范围和严重程度对我国国民经济、特别是农业生产常造成重大损失。每年约有10亿亩庄稼发生病虫草害,约损失粮食200亿公斤。有老鼠30亿只,每年损失粮食150亿公斤。森林病虫害有6500多种,每年的发生面积都在1亿亩以上;枯死500万亩,减少木材生长量1000万立方米,年经济损失约10亿元。

5.种子安全问题日益突出

一粒种子可以改变世界。我国种业目前仍处于初级发展阶段,农作物育种创新能力、种业产业集中度、种子市场监管能力仍然较低，品种多乱杂、企业多小散、种子假冒伪劣等问题仍然突出。

6. 农业生产安全监管亟待加强

农业生产安全是"产"出来的，也是"管"出来的。农业生产经营仍较分散，农业标准化生产比例低，农产品质量安全监管工作基础薄弱，风险隐患和突发问题时有发生，农业安全生产工作任务仍具有艰巨性、复杂性和长期性。

保障安全的关键在领导重视，

领导重视的关键在深入现场，

深入现场的关键在落实制度，

落实制度的关键在检查预防。

四、农业生产安全的基本原则

安全意识要树立，安全规章要熟悉，

技术规程是标准，牢记安全是第一。

预防为主是措施，综合治理是目的，

处处小心莫麻痹，安全防护靠自己。

第二章　种子安全

一、种子安全粮食才安全

种子是农业之母,是粮食生产的源头,是农业生产最基本、最主要、特殊的、不可替代的生产资料。可以说,农业的增产、增收,种子起到了关键性的作用,因此种子安全事关农业增效、农民增收、农村稳定的大局。

龙生龙,凤生凤,优质高产靠好种;

好种子,苗茂盛,假冒伪劣把农坑。

现在有的种子生产商和经销商,对于短时期内质量相对稳定的种子品种,通过更换包装或证明书又以新种子的形式投放市场,以旧充新。有的经营者虚假标注农资产品的功效,欺骗和误导农民。而农资产品季节性又很强,一旦发生问题,会影响农民一年的收成。特别是农民缺乏辨别假冒伪劣农资产品的能力,受害后,经常是投诉无门,遇到的是层层设卡堵截,得到的答复是"气候特殊""管理不当""天灾"等敷衍之语,往往无法挽回损失。而由于个别地方农资管理混乱,执法力量不足,也给不法分子的投机钻营提供了可乘之机。

假种子,最坑人,缺苗减产难回春,

买粮种,要谨慎,莫贪便宜误根本。

4月中旬,正是播种时节,清徐县某村村民,在县某农资站购买了"晋中405"高粱种子,村民们有的买了1公斤包装的,有的买了2公斤包装的。下种时,有的村民发现2公斤包装的种子,像是虫子咬过的,看上去像旧种子,但说明书上说出苗率为80%。想到这是在县里的农资站购买的,应该不会有大问题,他们及时下了种。半个月过去了,村民发现出苗率只有10%—20%,最好的也就是30%,而2公斤包装的种子问题更为严重。看着地里稀稀拉拉的高粱苗,村民们着急了。

二、如何选购优良品种的好种子

选购优良、纯正、合适的种子,要注意两点:一是种子本身要好,二是品种适合当地使用。

1. 选择好种子

到合法种子经营的机构,买包装完整、标签齐全的种子。合法种子经营单位要持有生产许可证、种子合格证、种子经营许可证、经营种子营业执照。优质种子必须经过加工、分级、分装,而散装的种子容易掺杂作假。正规种子有标签,标注了种子的产地、经营许可证编号、纯度、净度、发芽率、水分、检疫证明、生产年月、生产商名称及联系方式。

合法经营有四证,散装种子难保证,

优良种子标签全,生产信息说得清。

优质种子必定新,粒粒饱满籽均匀,

陈年旧种不能用,不同品种莫弄混。

2. 选择合适的品种

品种选择的好坏直接影响其产量和经济效益,是农业生产能否增产增收的关键环节,因此,在选择品种时一定要谨慎。选用省级种子管理部门审定合格、适合自己的种植目标和用途、适宜当地的自然条件并符合当地种植方式和生产水平的品种。

在选择品种时,不能片面追求高产,更应重视其品质、抗倒伏、抗病性和抗低温能力等综合性状。要查看品种的适宜种植区域,因地制宜。要注意品种的适应性,选择适宜当地气候、土壤等条件的品种,不要盲目跨区引种,同时注意新老品种搭配。

中国地域面积大,土壤气候差别大。

优良品种数量多,跨区引种风险大。

选择新种问专家,因地制宜合理搭。

案例链接

怀化市兴隆镇田某花了15000多元从羊贩手里购进了3只来自北方的种羊。这群羊饲养了一年多后,开始陆续发病20多天。场主自认为是羊群感染了羊痘,私自按羊痘的治疗方法进行了长达一个星期的治疗,结果不但控制不了病情反而使羊群发病越来越多。情急之下,请县畜牧局专家进行现场会诊,经过鉴别诊断与综合分析,最后确诊为羊病毒性皮脂腺炎。这是一例在我国南方罕见的北方病例,羊群一旦感染此病,几乎失去治疗的意义,将会造成整个羊群毁灭性的损失。这就是异地引种不当携带传染病,导致该羊群发病的罪魁祸首。此次羊群发病直接给场主造成了10多万的经济损失,这是一个惨痛的经验教训。所以,无论是种植还是养殖,在引种时,一定要慎重,弄清所引品种在当地的适应性,以免造成不必要的经济损失。

3. 劣质种子

劣质种子分五种形式:一是质量低于国家规定的种用标准的;二是质量低于标签标注指标的;三是因变质不能作种子使用的;四是杂草种子的比率超过规定的;五是带有国家规定检疫对象的有害生物的。

三、种子质量问题维权

随着党中央十八届四中全会提出依法治国理念后,农民也要逐步增强维权意识。在种子选购与使用过程中,要通过索要发票、保管好所购种子包装和品种说明书等方式,以备生产期内出现问题进行鉴定。

索发票,留存根,品种数量要记真;

若是种子没用完,留下一包妥善存;

谨防假冒伪劣种,日后备作鉴证品。

播种后,如果出现出苗率低、苗弱、病苗或杂苗多,或者在生长过程中出现长势不好、产量大幅下降等情况,不要轻易将作物拔掉,应及时与农业技术员和经营单位联系,经鉴定后属于种子质量问题的,可要求赔偿。

民法规定:当事人如发现损失后不认真管理,损失进一步扩大,由当事人自己负责。所以,当农民发现种子质量出了问题而造成损失后,不能放弃田间管理,要在继续认真管理的同时进行维权。

工商消协和农委,都是种子监管人;

胆敢耍赖不赔偿,法院起诉护农民。

第三章　肥料安全

肥料,是提供一种或一种以上植物必需的营养元素,改善土壤性质、提高土壤肥力水平的一类物质。种地不上粪,纯是瞎胡混。粪是金,水是银,种好庄稼人得勤。肥料对于庄稼就像是饭对于人一样重要。

肥满田,粮满仓,庄稼缺粪饿得慌;

叶黄杆细根系浅,一场大风死光光。

一、肥料的成分

高等植物所必需的营养元素中,碳、氢、氧为基本元素,氮、磷、钾为主要元素,钙、镁、硫、铁、硼、锰、铜、锌、钼及氯等为微量营养元素。

微量元素就像我们吃的饭中要加盐一样,虽然需求量不大,但不可缺少。任何一种元素的缺失都会影响庄稼的正常生长发育,造成出现病虫害或减产。

庄稼要想长得好,各种元素不可少,

锌镁硼锰是微肥,氮磷钾肥要管饱。

二、常用肥料

1. 有机肥

俗称农家肥,包括以各种动物、植物残体或代谢物组成,如人畜粪便、秸秆、饼肥、动物残体、屠宰场废弃物等。堆肥、沤肥、厩肥、沼气肥、绿肥等有机肥,所含营养全面,能够改善土壤性能,增加土壤微生物数量,有利于植物生长及土壤生态系统的循环。

2. 无机肥(化肥)

氮肥:氨水、碳酸氢铵(碳铵)、硝酸铵、硫酸铵、氯化铵、尿素等。

磷肥:磷矿粉、重过磷酸钙

钾肥:氯化钾、硫酸钾

复合肥:含两种以上营养元素的化肥。如硝酸钾、磷酸二氢钾、磷酸二氢铵。

3. 新型活性肥料

复合型微生物接种剂、复合微生物肥料、植物促生菌剂、秸秆垃圾腐熟剂、特殊功能微生物制剂、植物稳态营养肥等。

有机肥,营养全,改良土壤又耐旱;

养分低,肥效慢,配合化肥能高产。

三、肥料的选购

目前,国内市场上肥料品种繁多,存在以次充好、以假乱真的假冒伪劣现象,甚至有的人还虚假宣传"全元素营养肥"。为了买到货真价实的好肥料,可以采用以下几种方法:

1. 选厂家,选品牌,正规厂家生产出的化肥产品颗粒均匀,养分均衡,质量稳定,养分全,含量足。

2. 根据土壤养分含量情况、作物需肥规律和肥料效应,应选择针对性强,适合当地土壤、作物生长的专用肥、复混肥。

3. 正确识别假劣肥料。

看包装,看标签,看时间,看外观。

正规企业正规店,包装标志要齐全。

不贪便宜不差钱,索要发票备维权。

四、肥料的安全使用

1.肥料使用原则

肥料使用应坚持节约资源、有效使用的原则。肥料不是用得越多越好，而是要根据土壤中元素含量和不同农作物需求，选择适宜的肥料品种和适宜的施肥量。

2.转变施肥观念

随着劳动力成本的提高，农业生产中施用有机肥越来越少，"化肥依赖症"越来越明显。农民为使土壤肥沃，大量使用化肥，而施用的化肥中，只有三分之一被农作物吸收，三分之一进入大气，剩余的三分之一则留在土壤中。大量盲目施用化肥已成为一种掠夺性开发，不仅难以推动农作物增产，反而破坏了土壤的内在结构，造成土壤板结，地力下降。

　　农民习惯施肥超，心想肥多产量高，

　　岂知量多肥效减，浪费金钱惹人笑。

　　化肥好，农业生产离不了，

　　施肥少，庄稼生长吃不饱。

　　过量肥，提高成本是浪费，

　　更可怕，污染土壤地下水。

3.测土配方施肥

在田间随机采样，对土壤中氮、磷、钾及中、微量元素养分测试，了解土壤供肥能力状况。根据生产计划、栽培作物和目标产量，预算各元素需求量和施肥模型。结合上述两组数字差异，同时根据当地气候、栽培方式等因素，确定施用养分数量、肥料种类和数量、施肥时间和方式。

　　请个专家下次乡，田间采样测土壤，

列出元素含量表,针对庄稼定肥方。

> 全国人大代表高春艳来自黑龙江省穆棱市,是一位肥料配方师。她说,目前中国农民的化肥平均施用量在每公顷 500—600 公斤,远远超过国际上为防止水体污染而设置的化肥使用安全上限每公顷 225 公斤。农民把粮食的增产过分地寄托在化肥施用量的增加上,但肥料利用率却只有 35% 左右,大量的氮、磷浪费和流失,不仅造成土壤板结,而且大部分随降水和灌溉进入水体,导致地下水中氮、磷含量增高,水质富氧化程度加重。《2013 中国环境状况公报》显示,全国地表水总体轻度污染,全国 4778 个地下水监测点中,约六成水质较差和极差。31 个大型淡水湖泊中,17 个为中度污染或轻度污染。

4. 科学施肥方法

有机肥、无机肥(化肥)和微生物活性肥配合使用,取长补短,提高肥力,延长肥效。

依据元素需求,做到氮、磷、钾及中、微量营养元素之间的平衡施肥,总量控制。

基肥、种肥、追肥、叶面肥等方式相结合,根据实际情况,灵活处理。

　　干旱少雨基肥重,抢种玉米一炮轰。

　　因地制宜要灵活,各种元素应平衡。

　　肥料是馍水作汤,光吃不喝把人伤,

　　肥水结合依时令,科学管理粮满仓。

5. 有机肥的安全处理

农作物秸秆含有丰富的营养,可以用于饲料、造纸等原料。但由于秸秆回收需要人力,不少农民为了赶茬口、图省事,往往一把火就烧了。

　　焚烧秸秆危害大,汽车飞机都害怕,

　　引起火灾出事故,污染空气违国法。

　　秸秆还田的方式,应根据作物秸秆的高矮、土地的平整情况和机械化程度等因素决定。对于花生、蔬菜等废弃物,可直接覆盖在地表;对小麦、水稻、玉米、高粱等作物秸秆,一般在收割时用联合收割机直接粉碎,抛撒地面。对于高寒山区,应通过堆沤高温腐熟成有机肥。

　　作物秸秆是个宝,营养丰富还田好。

　　晒干粉碎喂牛羊,送到工厂作原料。

　　畜禽的粪便、人粪尿中含有大量的尿素、蛋白质、氨基酸和钾、磷、钠、镁、硫、钙等养分。用动物粪便作有机肥,不仅可以提高土壤肥力,增强土壤活性,还可以改善环境。但是,动物粪便中也含有很多虫卵、病菌等有害物质。用作肥料前,应采取与作物秸秆混合堆沤、高温腐熟、脱水干燥、药物处理等方式杀灭病虫,防止传播。

案例链接

　　近年来,在畜牧业规模养殖迅速崛起的同时,牲畜粪便造成的农业污染也呈现出加重的趋势。许多大中型畜禽养殖场缺乏处理能力,将粪便倒入河流或随意堆放。这些粪便进入水体或渗入浅层地下水后,大量消耗氧气,使水中的其他微生物无法存活,从而产生严重的"有机污染"。据调查,养殖一头牛产生并排放的造成农产品污染严重的主要废水超过22个人生活产生的废水,而养殖一头猪产生的污水相当于7个人生活产生的废水。

第四章　农药安全

人吃五谷杂粮,免不了会生病。农业生产过程中,无论是种庄稼还是搞养殖,都会遇到一些动物、植物、微生物能对农产品造成危害。农药,就是用于预防、消灭或者控制危害农业、林业的病、虫、草和其他有害生物,以及有目的地调节植物、昆虫生长的化学合成或者来源于生物、其他天然物质的一种物质或者几种物质的混合物及其制剂。简单地说,农药就是用来控制、杀灭农业生产中危害作物生长的虫、病、杂草等有害生物的农用药剂。

农药是一把"双刃剑",使用得当,可以有效防治农作物病虫草害,为农业稳产高产提供保证。使用不当,错用、误用、乱用、滥用农药,则可能造成人员中毒、作物药害、农产品农药残留超标、环境污染等问题。

一、农药的分类

根据毒性大小,可分为急性毒性、慢性毒性,又可分为剧毒农药、高毒农药、中等毒农药、低毒农药、微毒农药。低毒农药、微毒农药一般不会造成人员伤亡。

根据原料来源可分为有机农药、无机农药、植物性农药、微生物农药和昆虫激素。

根据防治对象,可分为杀虫剂、杀菌剂、杀螨剂、杀线虫剂、杀鼠剂、除草剂、脱叶剂、植物生长调节剂等。

根据化学结构类型,可分为有机磷、有机氮、有机硫、有机金属化合物、氨基甲酸酯、拟除虫菊酯、酰胺类、脲类、醚类、酚类、苯氧羧酸类、二氮苯类、三氮苯类、苯甲酸类、香豆素类、甲氧基丙烯酸类等几十种。

根据形态和使用方式,可分为粉剂、可湿性粉剂、可溶性粉剂(水溶剂)、乳剂(也称乳油)、超低容量制剂(油剂)、颗粒剂和微粒剂、缓释剂、烟剂。

不同类别农药的特殊颜色标志带:农药标签的底部有一条与底边平行的、不褪色的农药类别特征颜色标志带,目的是警示人们避免误用农药。除草剂为"绿色";杀虫(螨、软体动物)剂为"红色";杀菌(线虫)剂为"黑色";植物生长调节剂为"深黄色";杀鼠剂为"蓝色"。

最早使用的农药有滴滴涕、六六六等,它们能大量消灭害虫。但它们的稳定性好,能在环境中长期存在,并在动植物及人体中不断积累,为此被淘汰。从 2007 年起,我国全面禁止生产销售使用甲胺磷、甲基对硫磷(甲基一六○五)、对硫磷(一六○五)、久效磷、磷铵五种高毒有机磷杀虫剂。由于个别商家因为这五种杀虫剂药效好、速度快而偷偷销售使用,但这是违反国家法律的行为。另外,全面禁止使用的农药还有:毒鼠强、毒杀芬、杀虫脒、除草醚、毒鼠硅、氟乙酰胺、二溴氯丙烷、二溴乙烷、艾氏剂、狄氏剂、汞制剂、砷铅类、敌枯双、甘氟、氟乙酸钠。

> 农药产品十分多,对症下药别弄错,
>
> 五条色带要认准,国家禁用咱不摸。

二、农药的选购

农药品种型号很多,常用的就有 300 多种。有些农药的名字起得很响亮,吹嘘得能包治百病、药到病除。所以,购买农药一定要知道自己买哪种类型的农药。

1.选准品种类型

(1)确定防治对象,对症下药。出现病、虫、草、鼠危害时,首先要根据其特征和危害症状进行确诊,特别是作物病害,常见的病害可根据病症和病状进行判断,一些在当地新出现的病害,一定要咨询植保技术部门,诊断清楚后,再选用防治药剂。

(2)选用对路的农药品种十分关键。不同作物或一种作物中的不同品种对农药的敏感性有差异,如果把某种农药施用在敏感的作物或品种上就会出现药害。如,乙草胺可广泛用于番茄、辣椒、茄子、大白菜、芹菜、萝卜、葱、蒜等多种蔬菜,但对黄瓜、菠菜、韭菜上使用易发生药害。根据防治的目的,选择与标签上标注的适合作物和防治对象一致的农药,尽量选择用量少、毒性低、安全性好、残留少的产品。

　　　商家促销做宣传,夸大效能把人骗,

　　　看清标签防治啥,没有十全大补丸。

2.选定合法商家

合法的农资经营店,一般进货程序正规,渠道稳定,诚信度高,出现问题时便于倒查责任。千万不要在游街串村的小摊小贩处购买"便宜"、来路不明的农药。购买农药,应该索要发票。

　　　小小发票作用大,农民维权要靠它。

　　　正规店里买正品,小摊小贩易作假。

3.查验农药真假

查验"三证",包括农药登记证号、产品执行标准号、农药生产批准证书号。

查验包装,包装是否完整、瓶塞是否牢固、标签是否清晰。

查验生产日期、有效期,只有在有效期内的产品才有效果,未标注生产日期的农药绝不能买。

查验企业信息,包括名称、地址、电话、邮编。

哪些药属于假农药? 国家规定禁止使用的;未经审查批准而生产、进口、销售的;变质的;被污染的;所标明的适应证或者功能主治超出规定范围的。即:国家禁用、三证不全、变质污染、夸大宣传。

哪些农药属于劣农药? 成分含量不符合国家标准或者不标明有效成分的;不标明或者更改有效期或者超过有效期的;不标明或者更改产品批号的;其他不符合国家标准,但不属于假农药的。

4.购买农药要适量

农药是危险品,放在家里不是啥好事。不存放,就不用操这份心。购买农药,够用就好,别多买,尽量减少储存安全事故发生率,也避免了长期存放造成的过期失效。

三、农药的安全使用

1.农药安全使用制度

(1)高毒农药不准用于蔬菜、茶叶、果树、中药材等作物,不准用于防治卫生害虫与人畜皮肤病。

(2)禁止用农药毒鱼、虾、蛙和有益的鸟兽。

(3)农药由使用单位指定专人凭证购买。农药的品名、有效成分含量、出厂日期、使用说明等鉴别不清和质量失效的农药不准使用。

(4)运输农药时发现有渗漏、破裂的,应用规定的材料包装后运输,并及时妥善处理被污染的地面、运输工具和包装材料。

(5)农药不得与粮食、蔬菜、瓜果、食品、日用品等混载、混放。

(6)农药进出口仓库应建立登记手续,不得随意存取。

(7)在使用过程中,配药人员要带胶皮手套,必须用量具按照规定的剂量称取药液或药粉,严禁用手搅拌;配药和拌种应选择远离饮用水源、居民点的安全地方,专人看管,严防农药散失或被人、畜家禽误食。

（8）使用过高毒农药的地方应竖立标志,在一定时间内禁止放牧、割草,挖野菜。

（9）人用药、畜禽用药、鱼类用药、庄稼用药之间不能混用,严禁农药治疗人类疾病。

2.读懂标签说明书

农药标签上印着用量、用法、安全注意事项,是安全使用农药的基础。照章办事,标签就是农药使用的"规章制度"。严格按照标签上的说明操作,不仅能达到安全、有效的目的,还能起到保护自身权益的作用。凡是不按照标签说明操作,造成中毒、作物药害、未达到防治效果等后果,均由使用者自己承担责任,而不能要求商家赔偿损失。

3.严格控制剂量和浓度

农药的量取、稀释、使用,就像医生给病人抓药,每天用几次、每次用几片都是有严格要求的。不按要求使用,所心所欲增减剂量,都可能出现严重后果。

固态农药用"克／亩"表示剂量,液态农药用"毫升／亩"表示剂量。要根据个人土地面积和标注的剂量,折算出用药量。如,用药量（克）＝实际使用面积（亩）× 剂量（克／亩）。

一般情况下,人们需要把农药稀释成一定浓度来使用。稀释时,经常用倍数法。如,1000—1500 倍液,就需要按用药量的 1000—1500 倍的水来稀释,即:1 克药需 2—3 斤水。

有的农药标签采用百分含量（％）的方式表示浓度,这和用倍数法一样,0.1％—0.15％就等同于把 1—1.5 克药稀释 1000 倍。

一些从国外进口的农药标签采用百万分之一（ppm）的方式表示浓度，可以换算成百分含量。如，2000ppm 就是 2000/1000000=0.2%（mg/L、mg/kg），也就是把 2 克药稀释 1000 倍。

是药都有三分毒，严格剂量和浓度，

准确计算搞清楚，糊里糊涂出事故。

3. 安全防护

增强农药安全防护意识，可以保护自己的人身安全，避免造成人身伤害和经济损失。

在取药、稀释配药、拌种、拌毒土、拌毒饵过程中，一定要戴橡皮手套和防毒口罩，穿长袖上衣，穿长裤和鞋。绝不能赤足露背，直接用手接触农药或播撒沾有高毒农药的种子、物品。

喷洒农药过程中，应佩戴防毒面具、不透水的防护帽、护目镜、防护服、防护手套、长筒靴等，不能有皮肤裸露出来，避免药液直接溅落在皮肤上。没有专业防护服的，可用塑料袋、化肥袋改装成简易防护服。每次操作后，都应及时把防护装备用肥皂水、碱性洗涤剂浸泡冲洗。

无论是人工还是用机械设备，喷洒农药都不是一件轻松的活。长时间作业过程中，千万不要吃东西、喝水、吸烟，那些肉眼看不见的毒液很可能随着食品、香烟进入体内。这是农药中毒最常见的原因。

从农药使用角度讲，一次配药尽量一次用完。但是，长时间施药容易让人身体疲惫，抵抗力降低，从而容易造成中毒。所以，要注意劳逸结合。

国家规定，严禁儿童、老人、体弱多病者、精神病患者、皮肤病患者以及处于月经期、孕期、哺乳期的妇女参加施药工作。

施用农药要防毒，劳逸结合莫辛苦，

穿戴整齐防护服，护眼护脚护皮肤，

不吃不喝不抽烟,特殊人群别接触。

4. 正确使用器械

常用施药器械包括手动喷粉器和机动喷粉机、手持式和胸挂式颗粒撒施器、背负式和拖拉机牵引或悬挂式机动撒粒机、手持式和机械吊挂式涂抹器、土壤注射器械和树干注射器械等。正确使用合适的施药器械,是农药安全使用的重要方面。

喷雾器械的使用方法:小面积喷洒农药宜选择手动喷雾器;较大面积喷洒农药宜选用背负机动气力喷雾机,果园宜采用风送弥雾机;大面积喷洒农药宜选用喷杆喷雾机。喷雾器械的核心部件是喷头,要定期更换磨损的喷头。

喷雾关键有三点:跑冒滴漏最危险,

磨损喷头定期换,药液不超水位线。

喷头堵塞莫嘴吹,找个毛刷或牙签,

不可扩大喷头孔,喷雾变成下雨天。

背负机动喷雾机,不可近距离对着作物植株喷雾。机器启动前,药液开关应停在半闭位置。然后,调整油门开关使汽油机高速稳定运转,开启手把开关后,人立即按预定速度和路线前进,严禁停留在一处喷洒,以防引起药害。喷药时行走要匀速,不能忽快忽慢,防止重喷漏喷。为保证喷雾质量和药效,在风速和风向常变不稳时不宜喷雾。

施药作业结束后,不能马上把机具放置在仓库中,盛装过农药的量杯、容器和喷雾器,必须用热碱水或热肥皂水洗2—3次,然后再用清水洗净,需要仔细清洗机具并进行保养,使机具保持良好的工作状态。保养后的施药器械应放在干燥通风的库房内,切勿靠近火源,避免露天存放或与农药、酸、碱等腐蚀性物质放在一起。

清洗施药器械时不要在河流、小溪、井边冲洗,以免污染水源。

农药废弃包装物严禁作为他用,不能乱丢,要集中存放,妥善处理。

5. 施药方式方法

施药方法很多,各种施药方法都有利弊,应根据病虫的发生规律、危害特点、发生环境等情况确定适宜的施药方法。例如防治地下害虫,可用拌种、毒饵、毒土、土壤处理等方法;防治种子带菌的病害,可用药剂拌种或温汤浸种等方法。由于病虫危害的特点不同,施药的重点部位也不同,如防治蔬菜蚜虫,喷药重点部位在菜苗生长点和叶背;防治黄瓜霜霉病着重喷叶背;防治瓜类炭疽病,叶正面是喷药重点。

粉剂:不易溶于水,一般不能加水喷雾,低浓度的粉剂供喷粉用,高浓度的粉剂用作配制毒土、毒饵、拌种和土壤处理等。粉剂使用方便,工效高,宜在早晚无风或风力微弱时使用。

可湿性粉剂:吸湿性强,加水后能分散或悬浮在水中。可作喷雾、毒饵和土壤处理等用。

可溶性粉剂(水溶剂):可直接兑水喷雾或泼浇。

乳剂(也称乳油):加水后为乳化液,可用于喷雾、泼浇、拌种、浸种、毒土、涂茎等。

超低容量制剂(油剂):可直接用来喷雾,是超低容量喷雾的专门配套农药,使用时不能加水。

颗粒剂和微粒剂:用农药原药和填充剂制成颗粒的农药剂型,这种剂型不易产生药害。主要用于灌心叶、撒施、点施、拌种、沟施等。

缓释剂:使用时农药缓慢释放,可有效地延长药效期,所以,残效期延长,并减轻污染和毒性,用法一般同颗粒剂。

烟剂:用农药原药、燃料、氧化剂、助燃剂等制成的细粉或块状物。这种农药受热汽化,又在空气中凝结成固体微粒,形成烟状,主要用来防治森林、设施农业病虫及仓库害虫。

6. 施药时间

农作物病虫防治,要坚持"预防为主,综合防治"的方针。绝大多数病虫害在发病初期,危害轻,防治效果好,大面积暴发后,即使多次用药,损失也很难挽回。因此,要坚持预防和综防,根据作物的生长期和病虫害发生程度,掌握最佳的防治时期施药,尽可能减少农药的使用次数和用量,以减轻对环境及产品质量安全的影响。

把握喷药时间,注意天气条件。喷施农药的最佳时间是每天的清晨和傍晚,地表气温比较稳定,农药可直接均匀地喷洒到作物上。

大雾、大风和下雨天在田间喷施农药,会造成农药大量流失和漂移,并容易发生人员中毒事故,是绝对不允许的。一般选择有微风的天气,始终处于上风位置施药,不要逆风施药。高温时不要施药,温度太高的天气,水分容易蒸发,喷到作物上的农药浓度增加,会引起作物药害发生,也不宜喷药。

喷药后的作物应立警戒标志,尤其是瓜、果、菜应插警戒红牌,禁止人、畜入内。

> 预防为主抢先机,施药最好在初期,
> 开始马虎火了意,小害酿成大难题。
> 大雾大风坏天气,下雨高温不着急,
> 晴天多云有微风,清晨傍晚最适宜。

7. 严格遵守安全间隔期规定

农药安全间隔期是指为保证农产品的农药残留量低于规定的容许量,是最后一次至收获、使用、消耗作物前的时期,即自喷药后到残留量降到最大允许残留量所需的时间。安全间隔期的长短,取决于农药的品种、作物口径、施药方法、施药量及气象条件等。各种药因其分解消失的速度不同,具有不同的安全间隔期。在实际生产中,最后一次喷药到作物收获的时间应比标签上规定的安全间隔期长。为保证农产品残留不超标,在安全间隔期内不能采收。例如,在青菜、大白菜、豆角、萝卜和黄瓜上施用乐果,必须在采收前 6、10、5、5、2 天施用。否则,农药残留就会超标,从而危害人们健康。

四、农药的安全储存

1. 尽量减少贮存量和贮存时间。应根据实际需求量购买农药,避免积压变质和安全隐患。

2. 贮存在安全、合适的场所。少量剩余农药应保存在原包装中,密封贮存于上锁的地方,不得用其他容器盛装,严禁用空饮料瓶分装剩余农药。应贮放在儿童和动物接触不到,且凉爽、干燥、通风、避光的地方。不要与食品、粮食、饲料靠近或混放。不要和种子一起存放。因为农药的挥发物有较强的腐蚀性,农药和种子一起存放,会降低种子的发芽率。

3. 贮存的农药包装上应有完整、牢固、清晰的标签。若标签被污损,应该再贴上一个新标签,防止弄混弄错。

4. 张贴警示性标志。无论是存放农药,还是存放施用了农药的种子、毒饵、农产品,都必须张贴、悬挂警戒标志,防止儿童和其他人员误食、触摸。

5. 储藏期间要"八防"。一防潮湿失去使用价值;二防光照加速氧化、分解;三防高低温而变质;四防超过保质期;五防混放乱放导致用错药;六防乱扔过期药;七防乱用瓶塞;八防鼠咬和虫蛀。

五、杀虫剂的安全使用

杀虫剂是用来杀死害虫、抑制害虫生长的药剂。一般情况下,能杀死害虫的,也能杀死益虫和人类,大多属于中高毒农药。生产中,80% 以上中毒事件属于杀虫剂农药惹的祸。

1. 杀灭类杀虫剂

害虫表皮接触药剂、吃了含有农药的植物或者吸入混有药剂的气体后，药剂就会进入害虫体内，造成中毒死亡。如，辛硫磷、敌敌畏、马拉硫磷等有机磷杀虫剂，能破坏害虫的神经系统。当然，这些杀虫剂也能破坏哺乳动物的神经系统。

2. 抑制类杀虫剂

又称昆虫生长调节剂，能抑制昆虫卵的发育、幼虫蜕皮、新表皮形成、成虫羽化、取食、化蛹，活动减缓。如，苯甲酰脲类、嘧啶胺类、烯虫酯、双氧威、抑食肼、虫酰肼等，这种药剂一般只对昆虫有效，对环境无污染，对害虫天敌无害，毒性小。

　　　杀虫剂，要杀虫，高低毒性各不同。

　　　非杀类，毒性轻，虫害初期能防控；

　　　有机磷，剧毒性，虫害严重显神通。

3. 家庭安全使用杀虫气雾剂

夏季天气炎热，不少家庭使用杀虫气雾剂来对付蚊、蝇、蟑螂等害虫。杀虫气雾剂具有一定的毒性，应采用正确的使用方法。

（1）尽量在家人进餐之后、外出散步期间使用。在喷药雾之前，必须先把所有食物、水源、碗柜密封。

（2）关闭门窗，对准害虫直接喷射，或者向空间各方向随意喷射，使房间内布满药雾；对于蟑螂等爬虫，则应将气雾均匀地喷在其出没、停留、栖息处，喷后不宜抹去。

（3）不要过量使用，防止家人中毒。

（4）使用气雾剂后，家人须立即离开房间。一般在施药一个小时后，打开门窗通风10分钟以上，等室内杀虫剂气味基本消失，方可回到室内。家里有老人、小孩或易过敏者，应延长通风时间。

（5）杀虫气雾剂属于压力包装，要避免猛烈撞击以及高温环境，以免发生爆炸。部分产品使用易燃的有机物作溶剂,不能对着火源喷射,以免引起火灾。药罐要置于儿童接触不到的阴凉处。

　　　夏季家里有蚊虫,饭后拿出灭害灵,

　　　关闭门窗喷一喷,回屋一定要通风。

这类拟除虫菊酯类杀虫剂毒性相对较低,但长期接触后,也会对人体产生明显的毒害作用,过敏是较常见的毒性反映,还会引起运动神经麻痹、感觉神经异常以及头昏等神经系统症状。

六、杀菌剂的安全使用

在农业生产中,植物杀菌剂是一种使用较普遍的病害化学防治方法。杀菌剂使用技术要求高于杀虫剂,因此,在使用杀菌剂时,一定要掌握这几条原则。

1. 认准病害

不是所有杀菌剂对各种病害都有防治作用,世上没有"万能药"。不同类别的杀菌剂有不同的性质、特点和药理作用,对各种病害的防治效应不同,所以,首先要诊断庄稼发生的病害主要是哪种病害。

2. 了解药性

保护性杀菌剂:这类杀菌剂能够保护未被病菌侵染的部位,免受病菌侵染,需要在作物没有接触到病源或病害发生之前,喷药才可收到效果,如铜制剂(波尔多液)、硫制剂(石硫合剂)等。铲除性杀菌剂:这类药剂能直接杀死侵入前的病菌和治疗已被侵染的施药部位,常用于消毒,如用福尔马林消毒带菌种子、高锰酸钾等,粉锈宁对小麦条锈病、白粉病使用方法得当也有铲除作用。治疗性杀菌剂:也叫内吸性杀菌剂,这类杀菌剂被植物吸收传导后,可阻止植株各个部位的病菌发展蔓延。如多菌灵、甲基托布津、春雷霉素等。

3. 选好方法

种子种苗消毒杀菌类：包括药液浸种、药液闷种、药剂拌种（干拌、湿拌）、种衣剂、药液浸蘸秧苗等，常用的药剂有拌种双、福美双等，种苗包括种子、块根、块茎、鳞茎、插条、秧苗、苗木及其他用于繁殖的器官。土壤处理药类：属整体或局部保护，如直接在苗床土壤中施药，品种有福美双、敌克松等。处理土壤类：浇灌法（用水溶性药液，按每平方米 5 千克左右的量浇灌）、犁底或犁沟施药、翻混法（将药剂施于土壤表面，然后翻犁土壤，使药剂翻入土表下面）、注射法（用土壤注射器，按一定药量和孔距施入土壤中）等。叶面喷撒药类：叶面喷撒有多种剂型，如粉剂、微粉剂、可湿性粉剂、乳油、悬浮剂、水剂、烟雾剂等。

在农作物的种植上杀菌剂的施用越来越成为蔬菜瓜果丰收的一种依赖，但是如果杀菌剂使用不当就会造成浪费和残留的隐性药害问题。如，三唑类阻止叶面积增加，减少总光合产物；叶菜、果实变小，产量下降；可能使水稻穗小，千粒重下降；改变不饱和脂肪酸和游离氨基酸的含量、蛋白质减少等；嘧菌酯可增加赤霉病菌毒素的产生；重金属杀菌剂也常影响作物光合作用和生殖生长，使结实率下降。

　　认准病害选对药，多措并举求高效，

　　真菌细菌和病毒，危害农业须治疗。

七、除草剂的安全使用

除草剂是指可使杂草彻底地或选择性地发生枯死的药剂，用以消灭或抑制杂草生长的农药。除草剂比杀虫剂、杀菌剂的使用技术要求更高。

1. 严格选用除草剂的种类

每一种除草剂都有一定的杀草谱，有灭生性的，有选择性的。如，百草枯、草甘膦、氯酸钠、硼砂、砒酸盐、三氯醋酸对于任何种类的植物都有枯死的作用,硝基苯酚、氯苯酚、氨基甲酸的衍生物等选择性除草剂。所以要根据作物种类和杂草的主要品种,选用有效的除草剂。

2. *严格掌握作物对除草剂的敏感性*

不同的作物对不同的除草剂敏感程度不一致。防除阔叶类杂草的除草剂对禾本科作物敏感,而阔叶类作物对防除禾本科杂草的除草剂敏感。如2,4-滴、二甲四氯对棉花、瓜类、豆类、果树等敏感;盖草能、稳杀得等对小麦、水稻、玉米敏感。因此在使用时,要看好说明书,认清除草剂的特点与性能,注意敏感作物,谨防误用或药剂漂移。

3. *严格掌握作物敏感期和施药时期*

在正常情况下,作物在发芽、三叶前及扬花灌浆期对除草剂特别敏感,容易产生药害。据研究,空气和土壤的温度越高,其药效就越显著,特别是茎叶处理除草剂的杀草功效可大大提高,在温度低的天气条件下除草剂的使用效果不仅会明显降低,而且农作物体内的解毒作用会因气温低而比较缓慢,从而易诱发药害,施用除草剂的温度以 20—35℃为宜。

4. *严格掌握除草剂的用量和浓度*

为防止除草剂用量和浓度过高造成局部药害,在使用除草剂时,药液要均匀喷洒,行走速度、手动控制喷幅的宽窄、快慢也要均匀,工作时间不易过长。

5. *严格遵循除草剂的混用原则*

除草剂混用可提高药效,扩大杀草谱,但盲目混用,易造成药害。如敌稗不能和有机磷类或氨基甲酸酯类混用;二甲四氯不能和酸性农药混用等。此外,同种除草剂连续使用多年,易导致敏感性杂草逐渐减少,抗耐药性杂草上升,要注意交替使用。

6.严格控制使用间隔

对于打算种植茄子、辣椒、白菜、萝卜、甘蓝、卷心菜的地块,前茬若用过咪唑乙烟酸须间隔 40 个月种植;用过氯嘧磺隆须间隔 36 个月种植;用过烟嘧磺隆,每公顷用量有效成分超过 60 克,即 4% 烟嘧磺隆每亩超过 100 毫升,须间隔 18 个月种植;用过唑嘧磺草胺,每公顷用量有效成分 48—60 克,即 80% 唑嘧磺草胺每亩 3.2—4 克,须间隔 26 个月种植;用过氟磺胺草醚,每公顷用量有效成分 375 克,即 25% 氟磺胺草醚每亩 100 毫升,须间隔 18 个月种植;用过甲磺隆,每公顷用量有效成分超过 7.5 克,须间隔 24 个月种植;用过异恶唑草酮,每公顷用量有效成分超过 71 克,须间隔 18 个月种植。

案例链接

据世界卫生组织和联合国环境署报告,全世界每年有 100 多万人除草剂中毒,其中 10 万人死亡。在发展中国家情况更为严重。我国每年除草剂中毒事故达近百万人次,死亡约 2 万多人。广西宾阳县一所学校的学生因食用喷洒过剧毒除草剂的白菜,造成 540 人集体农药中毒。化学除草剂在人体内不断积累,短时间内虽不会引起人体出现明显急性中毒症状,但可产生慢性危害,如:破坏神经系统的正常功能,干扰人体内激素的平衡,影响男性生育力,免疫缺陷症。农药慢性危害降低人体免疫力,从而影响人体健康,致使其他疾病的患病率及死亡率上升。国际癌症研究机构根据动物实验确证,广泛使用的除草剂具有明显的致癌性。据估计,美国与化学除草剂有关的癌症患者数约占全国癌症患者总数的 20%。

除草剂,除草快,除草不怕太阳晒。

选品种,调浓度,避免残留药对路。

慎混用,常换用,安全间隔记心中。

八、兽药的安全使用

兽药,指防治除人类以外所有动物疾病及促进其生长繁育的药品。在我国,鱼药、蜂药、蚕药列入了兽药管理。

1. 兽药的分类

从功能用途上,兽药可分为四大类:一般疾病防治药,传染病防治药,体内、体外寄生虫病防治药,促生长药。

从药剂原料来源上,可分为五大类:一是来自植物的药物,如碱性有机物、各种有机酸、可被稀酸或酶类水解的化合物、挥发油、单宁酸与氨基酸等;二是来自动物,如用某些动物的器官组织、某些分泌物、排泄物与体液为药;三是来自矿物,如石膏、硫磺、氯化钠、芒硝(硫酸钠)等;四是化学合成药物,如各种磺胺类药物、呋喃类药物、抗菌增效剂、某些维生素类和激素类药物等;五是通过某些微生物的培养获取的物质,如各种抗生素可以防治传染病。

2. 正确选择兽药类型

在选择兽药中,优先选用中草药或畜禽专用药;尽量选用不会造成药物残留的营养型品种,如维生素类、微量元素类、甜菜碱、酶制剂等;必须选择国家允许使用的兽药,国家禁用的不能用。同时,要注意不同种类动物的差异,如对猪、狗经常呕吐类动物要减少内服类药,家禽对敌百虫很敏感应少用,盐霉素适于猪、牛、兔、禽,却对马有害。

3. 安全使用兽药

使用兽药,应当遵守兽药安全使用规定,并建立用药记录;禁止使用假、劣兽药以及上级管理部门规定禁止使用的药品和其他化合物。

有休药期规定的兽药用于食用动物时,饲养者应当向购买者或者屠宰者提供准确、真实的用药记录;购买者或者屠宰者应当确保动物及其产品在用药期、休药期内不被用于食品消费。

禁止在饲料和动物饮用水中添加激素类药品和上级规定的其他禁用药品；经批准可以在饲料中添加的兽药，应当由兽药生产企业制成药物饲料添加剂后方可添加。禁止将原料药直接添加到饲料及动物饮用水中或者直接饲喂动物；禁止将人用药品用于动物。

九、渔药的安全使用

渔药是用以预防、控制和治疗水产动植物的病虫害，促进养殖品种健康生长，增强机体抗病能力，改善养殖水体质量，以及提高增养殖渔业产量所使用的物质。渔药属于兽药，但不同于畜禽类兽药。畜禽类兽药一般为个体给药，即只对有病的个体用药，而水产用药大多是群体给药，即有病没病都用药。大部分渔药不是直接投喂或作用于鱼类动物，而是抛洒到水里，所以，要在水中有一定的稳定性，口服药物还要具有适口性和诱食性，外用药物还要具有分散性和可溶性。

按照渔药的功能分类，一般可将渔药分为水体消毒剂、内服抗菌剂、寄生虫驱杀剂、中草药、生物制品、水质改良剂等。

渔药的安全使用应注意：

一是遵守国家规定，严禁使用"三证"不全的药物，不使用国家已经禁用的药物。

二是水产品上市前要严格执行休药期。

三是建立用药处方制度，要在水产执业兽医等专业人士的指导和监督下，使用处方药。

四是正确诊断病情，通过调查养殖环境、水产品饲养管理情况、发病及初步防治措施、病体检查等，详细了解发病的全过程，查明病因。

五是选择有效、无残留、无污染、方便施用、经济易得的药物。

六是选择合适的给药途径。如,口服法、药浴法、注射法、涂抹法、悬挂法等。

七是控制药剂量。要结合水温、水质(PH 值、盐度、溶解氧、有机质和浮游生物含量)实际情况,确定最小有效量、治疗量、极量、中毒量。

八是确定疗程。总给药天数、次数、时间间隔。

正确诊断开处方,摸清情况下准量,

药物混用避禁忌,方法疗程要恰当。

案例链接

药物的广泛运用,带来的不仅是渔业的增产,同时也带来了药物的残留问题。水产动物产品中药物残留主要是由于不合理使用药物防治水产动物疾病和作为饲料药物添加剂长时间使用而引起的。由于药物的超剂量长时间使用或使用禁用药导致药物在水产动物中残留,已成为国际社会对我国水产品设置的主要贸易壁垒之一,药物残留现已成为影响我国水产品进入国际市场的关键。

鳗鲡养殖和加工是 20 世纪 90 年代以来在我国沿海如广东、福建等地区发展起来的具有高附加值的“三高”农业产业。我国的鳗鲡及其制品主要出口日本,但在 1995—2000 年间,日本市场多次退回并销毁抗生素超标的我国鳗鲡及其制品,给我国造成了巨大的经济损失,极大地损害了我国水产品在世界贸易中的形象。

十、农药中毒症状与紧急处置

因工作而发生农药中毒者,80% 以上是因皮肤污染引起的。一般在药剂侵入人体后半小时至 8 小时开始出现,最长可在 24 小时后开始出现症状。中毒轻者全身无力、头痛、恶心、食欲不振,眼周、面颊和上身有热感,有面红、流泪、结膜充血,身体表面麻木烧灼感、瘙痒、刺痛等；重一点的会呕吐、出汗、流涎、腹痛、呼吸困难、肌肉跳动；重症者视力模糊、走路不稳，甚至昏迷、痉挛、大小便失禁。

施药过程中如出现乏力、头昏、恶心、呕吐、皮肤红肿等中毒症状，应立即离开现场，脱去被农药污染的衣服，用肥皂清洗身体。在喷药中不慎触及药液应迅速用肥皂水洗净。若进入眼部应立即用食盐水洗净（食盐 9 份，水 1000 份）。喷药后，及时用肥皂清洗手脸和被污染的部位，被污染的衣物和药械应彻底清洗干净后再存放。

中毒症状较重、或误服农药者，应立即送医院治疗。

购用农药讲规程，对症下药定品种，

不能随意多用药，剂量浓度看说明。

防护身体不放松，切莫大意瞎逞能，

平安生产比天大，别让儿童乱触碰。

第五章 生态养殖安全

生态养殖,是利用无污染的水域,运用生态技术措施,按照特定的养殖模式进行增殖、养殖,投放无公害饲料,不施肥、洒药,目标是生产出无公害绿色食品和有机食品,改善水质和生态环境。在生态养殖过程中,通过科学的管理措施,实现高产稳产、产品优质、环境无污染,达到经济效益、社会效益、生态环境等方面的和谐统一。

一、选准项目

根据当地土地、水域、地下水源、光照、温度、气候等自然条件和市场发展情况,确定养殖项目。如,养殖猪、鸡、鸭、牛、羊、鹅、狗、兔、鸽,或者是养殖鱼、虾、蟹、贝、蛙、鳖,或者是养殖蛇、蝎、蜂、蚕、土元,或者是多种动物混养、种植与养殖结合。

选择项目前,可到当地畜牧部门或农业大学咨询专家,了解当地适合搞什么项目,摸清当地现有养殖项目的发展情况,分析市场容量和发展趋势。要么借鉴别人成功的经验,干已经成熟的项目,要么干没人干过的事,开创一项新产业。但是,不要随便从广告上看到一则致富信息,就盲目地开始搞。一旦引进了不适合当地养殖的项目,往往是赔了钱、伤了心、打消了创业激情。

确定了项目,还要到畜牧水产局办理养殖许可证,创办国家保护动物养殖的,还要申领野生动物利用特许证,如娃娃鱼、眼镜蛇等。

家庭养殖靠农闲,不出家门挣小钱;

规模养殖大场面,创业培育产业链。

二、选址建舍

养殖场的选址既关系到投资效益和经营成果,又关系到动物疫病防控、畜禽产品质量安全和公共卫生安全。选址是养殖环节的重要前提和基础性工作,选址的好坏直接决定养殖场的成败。

家庭养殖,应注意房舍的消毒、通风,防止动物逃走,影响邻居生活,危害别人健康与安全。

规模养殖,场地要选地势高、背风向阳、空气流通、土质坚实、排水良好、饲料运输方便、易于组织防疫的地方,达到动物防疫合格条件。

(1)符合当地养殖业规划布局的总体要求,建在允许养殖的区域内。不得占用基本农田、水源保护区,尽量利用空闲地、未利用的水域。

(2)符合环境保护和动物防疫要求。按照《中华人民共和国环境影响评价法》的有关规定,先进行环境影响评价,有切实可行的污染物治理和综合利用方案。

(3)坚持农牧结合、生态养殖,既要充分考虑饲草料供给、运输方便,又要注重公共卫生。

(4)建在地势平坦、场地干燥、水源充足、水质良好、排污方便、交通便利、供电稳定、通风向阳、无污染、无疫源的地方,处于村庄常年主导风向的下风向。

(5)与铁路、县级以上公路、城镇、居民区、学校、医院等公共场所和其他畜禽养殖场保持一公里以上距离。

阳光充足地势高,通风排水条件好;

避开塌方和滑坡,依据规模定大小。

首选荒地荒滩坡,离开社区和干道,

优质水源很重要,水电防疫路配套。

三、养殖消毒

消毒是疾病综合防治中的一个重要环节,通过科学的、合理的、有效的消毒,切断传染病的传播途径,减少养殖场和畜禽舍病原微生物数量,就可以减少或避免传染病的发生。

在养殖过程中,每个环节都要定期进行科学消毒。消毒包括机体消毒、环境消毒、投入品消毒、器具消毒。

1.常用化学消毒方法

洗刷:对饲槽、饮水器、用具等消毒,可用刷子蘸取消毒液进行刷洗。

浸泡:将需消毒的物品浸泡在一定浓度的消毒药液中,浸泡一定时间后再拿出来。

喷洒:用一定浓度的消毒药溶液,用喷雾器对需要消毒的对象进行喷洒。一般以先上后下、先里后外的顺序均匀喷洒,做到被喷物体表面有均匀而密集的细小水珠,但不下滴。

熏蒸:常用环氧乙烷、过氧乙酸等对可密闭的房舍、空间进行消毒。

拌和:用粉剂类消毒剂(如熟石灰、漂白粉)对需消毒的对象(粪便、垃圾、被污染的表土等)消毒时,按一定比例拌和均匀,堆放一定时间即可达到消毒目的。

撒布:将粉型消毒剂均匀地直接撒布在消毒对象的表面。

擦拭:选用易溶于水、穿透力强的消毒剂,擦拭物体表面。如,70%—75%酒精。

2.消毒程序

（1）新修、新建养殖场：应彻底清扫干净，除去粪污、灰尘、杂物。再用适宜方法消毒，最后冲洗、通风，空置5—7天。

（2）带畜禽消毒：每周1—2次。

（3）用具：一般要求每用必消，先消毒后使用，消毒前应用清水多次清洗。圈舍内的用具可和带畜禽消毒一同进行。

（4）圈舍周围环境1—2周消毒1次。

（5）畜禽进出圈舍前后均应消毒。

（6）粪便、污水：粪便应固液分离处理，正常粪便进沼气池，消毒药水严禁排入沼气池。有疫情时，粪便污水应单独进行无害化处理，不得进入沼气池或直接排放。

（7）病死畜禽尸体处理：随死随处理，禁止转移，禁止屠宰，禁止销售，禁止食用，必须进行无害化处理（多用深埋法）。病死畜禽不能进入沼气池。

（8）人员、车辆进出必须消毒。人员进入畜禽生产区，必须洗澡，换消毒后的雨靴、衣裤、帽子。出来也应换衣、洗澡。

3.消毒注意事项

（1）要明确消毒的主要对象，有针对性地使用消毒剂。

（2）采用适当的消毒方法。根据消毒对象选择简便、有效、不损坏物品、来源丰富、价格适中的消毒方法。如注射器、手术器械等，以及与高致病性病原微生物直接接触的防护服、口罩、手套等必须用灭菌法。

（3）消毒必须经常化、制度化、专业化。要制定制度，并坚持执行，消毒要有懂专业知识的人员，专门用具和药品。在现代化养殖场，兽医工作者最主要的工作是消毒，其次是疫苗接种，最后才是治疗。如果本末倒置，一定会出大问题。

（4）药液现用现配，剂量要准确。先在池（桶、缸）中配好再装入喷洒装置,严禁在喷雾器药箱内配药。

(5)轮换用药,及时更新。轮换用药可使不同类型的消毒药作用互补或叠加,防止长期单一用药产生的抗药性,一般连用两次,就应更新。有的药,使用时间稍长,效力下降,必须及时更新。如消毒池中的烧碱溶液,有效成分是氢氧化钠,极易和溶解在水中的二氧化碳反应,生成碳酸氢钠而失效,故夏天每 2—3 天应更换一次,冬天 3—4 天更换一次。

(6)尽量选用对环境友好(残留少、危害小)的消毒剂。

(7)预防接种前 2 天,后 3 天,一般不进行带畜禽消毒和饮水消毒,这主要是指活疫苗接种,灭活疫苗接种不受此项限制。

(8)消毒剂和杀虫剂是两类不同的物质,消毒剂一般没有杀虫作用,杀虫剂一般没有消毒作用。消毒剂和杀虫剂应单用,偶尔可联用,但绝对不能互相替代。

养殖成败在消毒,天天消毒把病除,

场地用具和粪便,科学用药看用途。

四、疾病防治

动物机体受到内在或外界致病因素和不利影响的作用,会产生一系列的损伤,表现为局部、器官、系统或全身的形态变化和(或)功能障碍。若损伤大于机体的防御能力,则疾病恶化,甚至导致死亡。

1. 动物疾病发生的原因

动物致病的原因有多种,生物性因素(病菌、病毒、寄生虫等)、机械性因素(击伤、跌伤等)、物理性因素(冷、热等)、化学性因素(如各类毒物)等。

主要有环境条件、个体生理机能、病原体三方面因素,但在具体养殖过程中,事实上很复杂。如,气候变化(温度、湿度、光照)、养殖场环境、养殖方式、饲养技术、品种抗病性等因素影响。同样的条件，有的养殖场受病害严重，而有的轻；同一养殖场，有的动物染病程度重，而有的轻。同样的病状，可能发病原因不同，病症不同；同样的病症，不同个体对同样的药物反应不同。所以，动物疾病防治必须切实弄清致病原因、发病情况，对症下药。如，猪的腹泻有多种原因，有消化不良、中毒性肠炎、细菌性肠炎和病毒性肠炎等，所采取的防治措施也不一样。

动物生长的环境直接影响着动物的健康。比如，在生长环境中，存在对动物机体造成危害的因素，就会使动物的新陈代谢无法正常进行，进而影响生理调节，使动物体内的环境生态失衡，从而导致了动物产生疾病。

　　　　植物动物会生病，面对环境不适应，

　　　　个体虚弱百病侵，还有病原太任性。

2. 畜禽常见病

（1）猪的常见病

猪瘟：是由猪瘟病毒引起的急性、热性、高度接触性传染病。四季流行，传播快，发病率高，死亡率高。现尚无特效药，可接种防疫，并加强二次免疫。

猪传染胃肠炎及流行性腹泻：是高度接触性传染病，常发生于秋冬寒冷季节，各种猪均易感染，根据年龄不同死亡率相差很大。发病猪突然出现急性水样下痢，脱水明显，15 日龄前仔猪圈舍内死亡严重。9—11 月份用猪流行性胃肠炎和腹泻疫苗接种，接种 15 天即可产生免疫力。出现病猪，首先停食，然后补水和电解质及葡萄糖以防脱水，再用抗生素药物防继续感染，加强保温和消毒工作。

猪接触性传染性胸膜性肺炎：接触性呼吸道传染病，急性死亡率达 80% 以上。此病多发于秋末春初寒冷季节，断奶后到四月龄以前的仔猪多发。使用青霉素、红霉素、林可霉素、土霉素、新霉素等与增效磺胺配合，可有效控制此病。

猪伪狂犬病：是由伪狂犬病毒引起家畜和野生动物的一种传染病。本病主要通过与病猪接触，经呼吸道、消化道、损伤的皮肤感染，也可通过配种、哺乳感染，妊娠母猪感染后，可感染胎儿。

（2）牛、羊的常见病

口蹄疫：在口腔黏膜、蹄部、乳房等处发生水疱和溃烂。通过预防接种，可提高抵抗力。

流行热：又名三日热，是由牛流行热病毒引起的一种急性、热性传染病。本病多经呼吸道，吸血昆虫叮咬或与病畜接触进行传播。多发生于雨量多和气候炎热的 6—9 月份。其特征为突然高热，呼吸和消化器官严重卡他性炎症和运动障碍。病势猛，多为良性经过，无继发病时死亡率约为 1%—3%。

胃肠炎：由于草料发霉变质、加工调制不当、突然变换等而引起。症状表现为精神沉郁，食欲废绝，饮水增加，反刍停止，体温升高，粪便稀薄，混有黏液、血液及坏死组织碎片，恶臭难闻。

感冒：春夏季忽热忽冷，天气多变，牛羊易感冒。可肌注氨基比林或安乃近、青霉素、链霉素，也可用生姜等喂服。

（3）禽类常见病

禽流感：是禽类的病毒性流行性感冒，由 A 型流感病毒引起禽类的一种从呼吸系统到严重全身败血症等多种症状的传染病。禽流感容易在鸟类间流行，过去在民间称为"鸡瘟"。禽流感一般发生在春冬季，尚无足够案例证实会在人与人之间传染。

禽副伤寒。多发生于 10—12 日龄幼禽。雏鸡拉稀、流泪、头部肿胀；雏鸭可出现神经性痉挛、倒地、头向后仰、很快死亡，故又称"猝倒病"；雏鹅常呈现跛行、关节炎、关节肿胀、疼痛。用抗病 1 号或金霉素治疗,有一定效果。

鸡马立克氏病:是鸡的一种肿痛性传染病。主要特征是周围神经、性腺、各种脏器、肌肉和皮肤发生淋巴样细胞浸润和肿痛,引起死亡、消瘦或腿、翅麻痹。目前还无特效药,注射马立克氏疫苗可以预防。

口疮:又叫家禽念珠菌病或霉菌性口炎。病禽口腔、咽、食道和嗉囊的黏膜生长白色的假膜和溃疡。用碘甘油涂擦溃疡部,嗉囊中灌入数毫升 2% 硼酸溶液,饮水中按 1:2000 加入硫酸铜连喂一周。

啄癖症:是鸡群发生啄肛、啄羽、啄趾等恶癖。加强对产蛋母鸡的管理,鸡群密集应适中,育雏器内灯泡不要太低太亮,饲料中补充糠麸、食盐和微量元素,驱除体外寄生虫,在饲料中加入羽毛粉、蛋氨酸、眼癖停等,并经常喂青绿多汁饲料。

鸡法氏囊病:主要侵害雏鸡及幼年鸡。病鸡精神萎顿,拉白色水样稀粪。解剖可见法氏囊出血、水肿,肾脏炎症,脚部、胸部肌肉出血,肠炎。通过二次免疫,或用高免卵黄抗体液或速效管囊散进行治疗。

3. 水产动物常见疾病

鱼类:赤皮病、烂鳃病、肠炎、细菌性败血病、车轮虫病、打印病、疖疮病、白头白嘴病等。

虾类:黑斑病、红点病。

甲壳类:溃疡病。

水产养殖不像畜禽养殖那样方便发现病体病情,也不便于对发病个体采用注射、口灌等方式治疗。水产动物疾病早期不易觉察,对水库、湖泊进行大面积用药的成本也太高,所以,增强水产动物的抗病性、提前预防消灭发病因素,就更为重要。

4. 动物疾病防治

预防为主,治疗为辅,及时隔离,综合防治。

（1）预防，就是采取一定措施以防止家畜疾病的发生、发展，以治"未病"为先。消毒、提前免疫就是未病先防的主要方式。

（2）加强饲养管理，重视病体护理。增强畜体健康，可提高防病能力，减少疾病发生和蔓延。

（3）疾病的防治。采取消灭传染源、切断传播途径、保护易感动物等系列措施，制止疾病的发生、流行，特别是制止传染病的发生。

（4）抓住病因，消灭病原。"治病必求本"是治病的根本法则。应通过症状，综合分析判断疾病性质，找出致病因子而进行医治，使家畜恢复健康。特别是在治疗传染病时尤为重要。如猪肺疫、猪丹毒等，应首先考虑采用抗生素类药物消灭病原，病原不存在了，病畜就会恢复健康。

（5）分清主次矛盾，标本兼治。针对具体情况，看疾病的发展过程中病因或症状哪个最威胁生命，就先治哪个。既治病，又治致病的原因，二者密切结合，才能收到最好效果。一般坚持"缓则治其本（病因），急则治其标（症状）"。

（6）统筹局部和整体。动物疾病是一个完整机体反应。局部发生的病变，一定会反映到相关的部位乃至整个机体的变化。如，当动物发生疾病时，使役性能、膘情、产蛋、泌乳、繁殖力等生产性能就会下降，看到一处局部发生病变，就要从整体上考虑治疗。同样，一个养殖场也是一个整体，一头猪、一条鱼生了病，不仅要对一个病体治疗，更要考虑对所有动物防疫。所以要勤观察，在局部发病初期提前防治，保护整体。

　　　　疾病防控重在防，建立制度"防火墙"；
　　　　发现病体早隔离，标本兼治少伤亡。

五、饲料与营养安全

无论种植还是养殖,本质都是物质和能量的转化。尤其养殖,就是把饲料中的营养物质通过动物的消化吸收转化为人们更适宜的肉类、蛋类等营养物质。所以,饲料的营养含量、安全直接决定着人们的食品安全和营养状况。

动物的食物原料,主要有大豆、豆粕、玉米、鱼粉、氨基酸、杂粮、添加剂、乳清粉、油脂、肉骨粉、谷物、甜高粱等十余种,包含了蛋白质、脂类、糖类、无机盐和维生素等五大营养物质。

不同种类的动物,有着不同的进食方式,喜欢不同类型的饲料,爱好不同的口味,所以,饲料的种类多种多样。

1. 饲料的类别

按营养成分来分,包括:蛋白质类,水产动物蛋白质含量高,对饲料中蛋白质含量要求也高,一般在 40% 以上,是畜禽动物饲料的 2—4 倍。脂肪类,工业榨油后剩下的渣依然含有相当高的油的含量,对反刍动物非常好。糖类,各种谷物、马铃薯、小麦、大麦等含大量淀粉的饲料主要通过多糖来提供能量,适用于家禽和猪,以"甜高粱秸秆"为主的秸秆饲料糖度是 18%—23%,动物适口性很好,适用于反刍动物、马。矿物质无机盐类,包括工业合成的或天然的单一矿物质饲料,多种矿物质混合的矿物质饲料,以及加有载体或稀释剂的矿物质添加剂预混料。维生素饲料,人工合成或提纯的单一维生素或复合维生素,但不包括某项维生素含量较多的天然饲料。另外,为了增强饲料适口性、安全性,经常使用防腐剂、着色剂、抗氧化剂、香味剂、生长促进剂和各种药物性添加剂。

还可分为:配合饲料、浓缩饲料、预混合饲料、功能性饲料;粉状饲料、颗粒饲料、碎粒饲料、膨化饲料、压扁饲料、液体饲料;粗饲料、青绿饲料、青贮饲料、能量饲料等。渔业生产中还有浮游植物、浮游动物、细菌等天然饵料。

2. 饲养标准

营养要求,是指动物在最适宜环境条件下,正常、健康生长或达到理想生产成绩对各种营养物质种类和数量的最低要求。很多专家根据大量饲养实验结果和动物生产实践的经验总结,对各种特定动物所需要的各种营养物质的定额作出的规定,这种系统的营养定额及有关资料统称为饲养标准。

饲养标准中提供的营养指标有动物不同生长(理)阶段的采食量、饲料消化利用率、蛋白能量比、各种微量矿物质元素和维生素等,这些营养指标的不足和过量对动物生产性能都会产生不良影响。

饲养标准,对实际饲养具有很强的参考价值,但不能生搬硬套,死板教条,要根据不同的具体条件适当调整。

3. 饲料的配合使用

(1)以饲养标准为基础,平衡各种营养成分之间的比例,满足动物成长对能量的需要。

(2)根据动物生理特点和采食习惯,注意饲料的适口性、消化性、颗粒大小容积,保证动物喜欢吃、能吃进去。

(3)选用对动物本身、对人体必须安全的饲料。配方符合营养标准,包装和保质期符合国家卫生标准,通过了"三致"(致畸、致癌和致突变)等方面的安全性评价。

(4)选用"三证"齐全、渠道正规、价格便宜、原料易得的饲料,尽量降低饲养成本。

营养平衡能量足,要让动物得口福,

安全无害好配方,正规饲料保致富。

案例链接

　　刘先生是巨野县田庄镇的一名养兔专业户,他从该镇一饲料门市购买 9 袋 80 斤装成兔饲料。没想到,刘先生饲养的兔子食用这些饲料后出现厌食、挑食现象,并且身形日渐消瘦,尤其是母兔反应尤为明显。食用饲料后的母兔产下小兔后没有奶水,而且随后出现母兔和幼兔成窝死亡的现象。看到兔子成窝死亡,刘先生急坏了,虽然有多年的饲养经验,但在排查各种可能的原因时,却无法找到兔子死亡原因。看到又有兔子相继死亡,刘先生怀疑是刚换的成兔饲料有质量问题,于是赶紧停用原先购买的饲料,并找到饲料经销商进行交涉。但经销商只是为其调换饲料,又附加了几袋药,对于兔子死亡赔偿问题却一直不予解决。无奈,刘先生只好将其投诉到巨野田庄工商所,至刘先生投诉时,已经有 4 只成年母兔、30 只幼兔死亡,损失惨重。巨野县田庄工商所马上组织人员对该饲料进行调查取证,随后又与经销商联系。经过耐心细致做工作,经销商终于承认是饲料质量有问题,最后经工商人员积极协调,经销商立即召回已售兔饲料,并且赔偿刘先生因兔子死亡造成的经济损失 3000 元。

第六章　设施农业与气象灾害防御

一、设施农业

随着科学技术水平的进步,越来越多的科技成果被运用到农业生产中。人们采用工程技术手段,根据农业生产和动、植物生长需要,创造微观环境,控制光照时间与强度、温度、水分、湿度、空气等生产条件,有效抵御自然灾害,实现了集约、高效、可持续地发展种植、养殖。2012年,我国设施农业面积已占世界总面积的85%,其中95%以上是利用聚烯烃温室大棚膜覆盖。

设施农业的关键技术,是能够最大限度利用太阳能的覆盖材料,做到寒冷季节高透明高保温,夏季能够降温防苔,能够将太阳光无用光波转变为适应光合需要的光波,具备良好的防尘抗污功能等。

现代化大型温室:利用具有自动化、智能化、机械化设施,实现人为控制温度、光照、通风和喷灌,可进行立体种植。现代化大型温室几乎不受气候灾害的影响,但因建设成本很高,常用于观光农业和农业科学研究,如国家杨凌农业高新技术产业示范区、山东寿光蔬菜高科技示范园等。

连栋温室:用科学的手段、合理的设计、优秀的材料,将独立单间模式的温室连成一体。作为超级大温室,其利用面积远大于传统温室,也比传统温室的管理更统一、操作更科学,可以节约时间、提高效率。连栋温室结构用钢量小,保温性能好,制造成本相对较低,属经济型温室,适用于我国大部分地区,备受用户欢迎。

日光温室：用干打垒土、砖混等材料在东、西、北三面建造围护墙体，南坡面覆盖塑料膜、玻璃、草(布)帘作为透光保温材料。保温好、投资低、节约能源，非常适合我国经济欠发达农村使用，是目前农村应用最广泛的设施农业。

塑料大棚：利用竹木、钢材等材料，并覆盖塑料薄膜，搭成拱形棚，是一种简易实用的保护地栽培设施。由于其建造容易、使用方便、投资较少，能够在早春和晚秋淡季供应鲜嫩蔬菜，提高单位面积产量，有利于防御自然灾害，在北方地区被广泛使用。

小拱棚：是塑料大棚的简化设施。主要由支撑材料及上面覆盖的塑料薄膜构成，能改善小拱棚内的小气候，在外界条件不利于蔬菜生长的时候，可在小拱棚内进行春季提前和秋季延迟蔬菜栽培。有拱圆式小拱棚、半拱圆小拱棚、单斜面覆盖小拱棚、改良阳畦、双斜面覆盖的三角棚。

设施养殖：具备保温、遮阳和现代集约化饲养条件的养殖场所及配套设备，包括畜禽、水产品和特种动物的设施养殖。如，天津滨海新区杨家泊镇积极推广设施化养殖南美白对虾，通过对养殖池水温控制、增氧、生物过滤、固液分离，对水质的不间断检测等技术措施，彻底改变了传统养殖怕风潮、怕变温、怕病害的"靠天吃虾"现象，使整个生产过程全在掌控之中，提高了大面积养殖的稳定性。控制对虾上市的时间，错开对虾集中上市的峰期，让对虾卖出了高价。

> 设施农业优点多，光温水气可操作，
>
> 减少灾害高效益，错峰上市多收获。

二、设施农业的安全生产

设施农业生产安全，包括病虫害防治、土壤污染的治理、防止温度过高过低、合理通风、温室深耕机械化、安全高效植保机械化、温室臭氧消毒等生产过程中,保障人员人身安全、产品产量与品质安全,防土壤污染安全、防止气候灾害对设施的破坏。

温度控制:采用草苫、无纺布等材料覆盖,设置防寒沟,减少缝隙散热,控制浇水等手段,防止冷风侵袭,保持棚内温度。采用暖水加温、热风炉加温、地龙火炉等采暖系统增加棚内温度。采用开启通风口、遮荫、反光、喷雾等方式,降低棚内温度。

光照控制:保持塑料膜内外清洁能增光,覆盖遮阳网可避光,悬挂补光灯可人工补光,控制种植密度、及时整枝、摘除老叶病叶可提高透光。

湿度控制:起垄覆膜,膜下浇水,抑制蒸发,降低湿度,减少病害。连续晴天水可浇,午后浇水湿度高,延长光照多透光,及时通风排湿潮。

空气控制:白天光合作用消耗二氧化碳多,需要及时补充。同时要防止肥料释放出的氨气和二氧化氮、药物释放出的一氧化碳和二氧化硫、塑料膜产生的有害气体。关键在通风。

土壤处理:封闭空间、连续重茬、密集生产,容易造成土传病虫害和土壤污染严重,要注意增施腐熟的有机肥,尽量合理轮作,改良不良土壤。如,在夏季歇棚期,用麦秸、稻秆、动物粪便加生石灰高温闷肥,可以达到施粪增肥、杀灭病虫、改良土壤的三重效果。

在温室大棚防范人身安全上,要注意自动卷帘机、蓄水池的安全管理使用,坚决杜绝小孩在温棚周围或温棚内玩耍;在防火上,要注重排查电路、电源、火源,发现问题及时排除;在防风上,要加固骨架、棚膜,加深地锚,防止大风揭膜、揭苫;在预防冻害上,要采取增盖草苫、增加增温设施等加温措施。

温室生产成本高,安全防灾要记牢,
光温水气巧配合,规模生产育种苗。

三、气象灾害

1. 气象灾害类型

灾害性天气是对人民生命财产有严重威胁,对工农业和交通运输会造成重大损失的天气,可发生在不同季节,一般具有突发性。《气象灾害防御条例》指定的气象灾害有:台风、暴雨(雪)、寒潮、大风(沙尘暴)、低温、高温、干旱、雷电、冰雹、霜冻和大雾等。

影响农业生产的主要气候因素是光照、温度、水分、空气,那么,水分异常、温度异常、气流异常、光照不足等都能引起农业气象灾害。中国地域辽阔,自然条件复杂,而且属于典型的季风气候区,因此灾害性天气种类繁多,不同地区又有很大差异。

气象灾害具有明显的季节性、区域性、重复性。多年的实践积累,让人们基本掌握了什么地方、什么季节经常出现什么类型的灾害,这也便于人们尽可能地防御灾害。

2. 气象灾害的预警发布

县级以上政府是气象灾害防御工作的组织领导机构,实行"以人为本、科学防御、部门联动、社会参与"的原则,建立和完善气象灾害预警信息发布系统。不可轻信个人或其他组织造谣。

根据灾害性天气的种类、强度和影响该地区的迟早,发布警报。灾害性天气远离或尚未影响到该地区或预计危害性一般时,根据需要可以发布"消息";预计未来 1—2 天内灾害性天气将袭击或影响本地区,且影响较大时,发布"警报";预计未来 24 小时内灾害性天气将袭击本地区或海面,且危害性大时,发布"紧急警报"。

预警信号的种类与气象灾害的类型一致,等级上分为 4 级。按照灾害的严重性和紧急程度,依次使用蓝色、黄色、橙色和红色四种颜色,分别代表一般、较重、严重和特别严重。

老天控制阴和晴,光温水气要平衡,

农业生产有规律,过多过少都不行。

干旱暴雨又山洪,连阴低温龙卷风,

多种灾害常相伴,减产绝收民心疼。

气象检测靠卫星,政府提前发预警,

国大地广天灾多,蓝黄橙色最怕红。

四、气象灾害的危害与防御

1. 水分异常

水分异常包括水分过少的干旱和过分过多的洪涝。

(1)干旱。长时期无雨或降水偏少,造成空气干燥,土壤缺水,水源枯竭,影响生物正常生长发育而减产的一种农业气象灾害。干旱气候不等于干旱灾害。干旱是我国最严重的农业气象灾害,春旱主要影响北方地区,伏旱主要影响长江中下游地区,秋旱可影响全国大部分地区,冬旱影响北方大部地区。

根据旱灾的程度,可分为轻旱、中旱、重旱、特旱。轻旱,特点为降水较常年偏少,地表空气干燥,土壤出现水分轻度不足,对农作物有轻微影响。中旱,特点为降水持续较常年偏少,土壤表面干燥,土壤出现水分不足,地表植物叶片白天有萎蔫现象,对农作物和生态环境造成一定影响。重旱,特点为土壤出现水分持续严重不足,土壤出现较厚的干土层,植物萎蔫,叶片干枯,果实脱离,对农作物和生态环境造成较严重的影响,对工业生产、人畜饮水产生一定影响。特旱,特点为土壤水分长时间严重不足,地表植物干枯、死亡,对农作物和生态环境造成较严重影响,对工业生产、人畜饮水产生较大影响。

案 例 链 接

　　从古至今,干旱一直是人类面临的主要自然灾害。近年来,我国每年都有地方受到旱灾。2010年初,中国西南地区遭受严重旱情,致使广西、重庆、四川、贵州、云南5省(区)受灾人口6130.6万人,饮水困难人口1807.1万人,饮水困难大牲畜1172.4万头,农作物受灾面积503.4万公顷,绝收面积111.5万公顷,直接经济损失达236.6亿元。2011年春,冬麦区发生严重干旱,河北、山西、江苏、安徽、山东、河南、陕西、甘肃8省有1.12亿亩耕地受旱,有246万人、106万头大牲畜因旱饮水困难,春夏之交,湖北、湖南、江西、安徽、江苏5省出现了严重旱情,5省耕地受旱面积达5695万亩,有383万人因旱饮水困难,鄱阳湖、洞庭湖水域面积一度只有301和652平方公里,较多年同期分别偏小85%和24%。2012年,全国耕地受旱面积6010万亩,仅云南、四川、河北三省就有4028万亩耕地受旱,占全国的67%。2013年6月,高温干旱造成南方湘、黔、渝、浙、赣、鄂、皖等7省(市)农作物受灾8021千公顷,绝收1123千公顷。

　　干旱的主要防御措施:根据旱区分布调整作物布局,种植耐旱作物品种;在生长需水临界期,浇关键水,灌溉时采用喷灌和滴灌技术,节约用水;多使用有机肥增强耐旱性;使用地膜覆盖,减少土壤水分蒸发;植树造林,改善生态环境;加强农田水利基础设施建设;开发空中水资源,抓住有利的天气条件,开展人工增雨作业。

　　　旱灾自古最常见,选择品种要耐旱,

　　　节约用水多造林,人工增雨用滴灌。

　　(2)洪涝,是因大雨、暴雨或持续降雨致使低洼地区淹没、渍水。主要危害农作物生长,造成作物减产或绝收,破坏农业生产以及其他产业的正常发展,还会危及人的生命财产安全。受洪水威胁最大的地区,往往是水源丰富、土地平坦、经济发达的江河中下游地区。一年四季都可能发生洪涝灾害,春涝常发生于华南、长江中下游、沿海地区,夏涝主要发生在长江流域、东南沿海、黄淮平原,秋涝多为台风雨造成,主要发生在东南沿海和华南。

依照成因不同,可分为暴雨洪水、山洪、融雪洪水、冰凌洪水和溃坝洪水。大雨、暴雨来得快,雨势猛,常引起山洪暴发,诱发泥石流、山体滑坡,可造成河水泛滥、淹没农田,毁坏农业设施;雨水过多、过于集中或返浆水过多,也可造成农田积水成灾;洪水、涝害过后排水不良,使土壤水分长期处于饱和状态,作物根系缺氧而成灾。

暴雨的主要防御措施:及时收听收看气象部门发布的气象灾害预警信息,加固堤防,疏通河道,检查维修农田水利基础设施;及时组织抢收或排除田间积水,防止内涝淹死作物;维护房屋农舍,防止大雨冲灌致使房屋或围墙垮塌;避开容易发生山洪、泥石流、山体滑坡的危险地段。

> 洪水猛,高处行,土房顶上待不成,
>
> 睡床桌子扎木筏,大树能拴救命绳,
>
> 准备食物手电筒,穿暖衣物度险情。

> 下暴雨,泥石流,危险处地是下游,
>
> 逃离别顺沟底走,横向快爬上山头,
>
> 野外宿营不选沟,进山一定看气候。

2. 温度异常

(1)高温灾害。空气温度达到或超过35℃以上时称为高温,达到或超过37℃以上时称酷暑,连续高温酷暑会造成土壤水分蒸发引发旱情、森林火灾等,也会使动物和人体不能适应,影响生理、心理,甚至引发疾病或死亡。如,高温可造成脐橙、柑橘等水果幼果脱落严重。

防御措施:人的防护方面,尽量不要在高温环境中作业,减少户外活动,防止中暑,同时要多喝凉白开水、冷盐水、白菊花水、绿豆汤等防暑饮品。粮食作物防御方面,可通过适时灌水改善田间小气候,降温 1—3℃;也可通过叶面喷洒动物尿液、尿素液、磷酸二氢钾或叶面微肥,增强耐旱耐高温能力;对于玉米、高粱等异花授粉作物,在开花授粉期遇高温,需要进行人工辅助授粉,提高结实率。蔬菜防御方面,可以提前播种、选择耐热品种来预防高温,通过加强管理培育枝繁叶茂的壮苗来抵抗高温,采用遮阳网覆盖和适时浇水来人为降温。畜禽养殖防御方面,调整畜禽饮食,搭建遮阳棚,加强房舍通风,使用凉水或降温设备降温。

(2)干热风属于高温、干旱并伴有一定风力的综合性灾害天气。干热风可导致小麦蒸腾加剧、灌浆不足、秕粒严重甚至枯萎死亡;干热风在水稻抽穗扬花期会影响授粉,在灌浆成熟期则导致籽粒逼熟;干热风会导致棉花蕾铃大量脱落。

防御措施:一是适时浇水,如,当土壤缺水时,在小麦收割前 2—3 周左右的灌浆初期浇灌浆水,或者对保水力差的地块,在麦收前 8—10 天浇一次麦黄水。二是喷洒药剂增强抗御干热风的能力,如,在小麦孕穗、抽穗和扬花期,各喷一次 0.2%—0.4% 的磷酸二氢钾溶液,提高麦秆内磷钾含量;在小麦开花期和灌浆期,喷施 20ppm 浓度的萘乙酸或 0.1% 的氯化钙溶液;在孕穗和灌浆初期各喷洒 1 次 0.1% 醋酸溶液。

(3)低温冷冻灾害,是来自极地的强冷空气及寒潮侵入,造成连续多日气温下降,使作物受到损伤以致减产的农业气象灾害。包括低温冷害、冻害、雪灾、雾凇、雨凇、寒潮等。

低温冷害:春季低温冷害主要发生在 3 月中旬至 4 月上旬,俗称倒春寒,往往造成长江中下游地区早稻播种育秧时期烂种烂秧。东北地区出现夏季平均气温明显偏低时,往往使作物生育期延迟,让未成熟的作物遇到早霜冻,造成大幅度的减产。秋季低温冷害主要发生在 9 月下旬至 10 月上旬,往往使晚稻空壳和疵粒率增大而减产,多发生在云贵高原地区。

低温冻害:在 0℃以下的低温使作物体内结冰,造成伤害。如,柑橘的冻害临界温度是 –7—9℃,葡萄为 –16—20℃,小麦为 –7—–10℃,萝卜可耐 –6℃。气温异常降低,往往造成物体变形、断裂引发事故,致使人畜伤亡。

防御措施:根据当地气候条件,确定适合的作物品种和播栽期,以便在低温敏感期避开有害低温;根据冷害预报调整作物布局和品种比例;调节农田小气候,既可克服春季低温危害,又能使作物提早成熟,避开秋季低温;培育作物的耐寒早熟品种;加强农田基本建设和田间管理等。

调整播期避冷冻,选择抗寒好品种,

管理喷药增抗性,灾后施肥减灾情。

寒潮:某一地区冷空气过境后,气温 24 小时内下降 8℃以上,且最低气温下降到 4℃以下;或 48 小时内气温下降 10℃以上,且最低气温下降到 4℃以下;或 72 小时内气温连续下降 12℃以上,并且最低气温在 4℃以下的天气。常引起大范围强烈降温、大风,常伴有雨、雪的天气,造成风灾、霜冻害、寒害、道路结冰和积雪等。

防御措施:由于冷空气来时风力较大,棚架设施应注意加固,防棚架倒塌或大风掀开棚膜加重冻害,并做好温湿调控。油菜、绿肥及低洼地段的柑橘园等应注意清沟排渍,防积水结冰加重冻害;叶菜类蔬菜可用稻草覆盖,减轻冰冻危害。蔬菜或花卉大棚加盖草垫、双层薄膜等保温材料,提高棚内温度。家禽家畜等养殖户做好禽畜棚舍的防寒保温工作,家禽养殖棚内还应该增加光照时间,以增加产蛋率;水产养殖池注水调温,并适当减少投饵量。

北京市郊区小麦平均5—7年发生一次严重冻害。1993年的冻害造成小麦死苗4.81%,死茎8.95%,冻伤率达到100%,1995年的冻害小麦青枯十分严重。2008年1月10日起在中国发生的大范围低温、雨雪、冰冻等自然灾害,全国20个省(区、市)均不同程度受到影响。倒塌房屋48.5万间,损坏房屋168.6万间,死亡130余人,紧急转移安置166万人,受灾人口已超过1亿;农作物受灾面积1.78亿亩,成灾8764万亩,绝收2536万亩,森林受损面积近2.79亿亩;3万只国家重点保护野生动物在雪灾中冻死或冻伤,因灾直接经济损失1516.5亿元人民币。

3. 气流异常

空气温度不同造成空气流动,风对人类的生活具有很大影响,它可以用来发电,帮助制冷和传授植物花粉。但是,当气流异常时,风速和风力超过一定限度,就会给人类带来巨大灾害。如,暴风、台风、龙卷风或飓风都能致灾,且暴风经常伴有暴雨、雷电。

按风力的大小,可分为无风、软风、轻风、微风、和风、劲风、强风、疾风、大风、烈风、狂风、暴风和飓风等。6—8级大风,主要破坏农作物,对工程设施一般不会造成破坏;9—11级大风,除破坏农作物、林木外,对工程设施可造成不同程度的破坏;12级和以上大风,除破坏农作物、林木外,对工程设施和船舶、车辆等可造成严重破坏,并严重威胁人员生命安全。

暴风来,听预报,加固房舍通水道,

水电气源全关掉,临时建筑整牢靠,

一旦袭来进地窖,汽车里面不可靠,

渔船靠岸莫作业,减少出行看信号。

案例链接

　　2014年9月,台风"海鸥"造成广东、广西、海南、云南4省(自治区)22市85个县(市、区)332.9万人受灾,6人死亡,32.9万人紧急转移安置,5万人需紧急生活救助;1800余间房屋倒塌,4.1万间损坏;农作物受灾面积225.9千公顷,其中绝收20.4千公顷;直接经济损失25.8亿元。2015年3月30日,受较强冷空气影响,北疆大部分地区遭受风灾,乌鲁木齐市、塔城地区、阿勒泰地区等7个地州16个县(市、区)48195人受灾,1人死亡,紧急转移安置266人,农作物受灾面积35000多公顷,倒塌、损坏房屋1000多间。正值新疆北部大部分地区春小麦、甜菜等早春作物播种,牧业转场及产羔育幼时期,风雪天气对此造成严重影响。

4. 光照异常

主要是指由于连续阴天、雾、霾、沙尘暴等造成光照不足,影响动植物生长。

雨打黄梅头,四十五日无日头。长时间的光照不足,影响作物光合作用,常造成植物发育不良、体弱多病、死苗烂苗、籽粒发芽霉变,也会导致畜禽和水产品多发疾病。

雾和霾对农业的危害,除了影响光照,还由于空气中的酸性物质、重金属微粒、尘埃、各种病菌、气溶胶粒子能够黏附在动植物体表,出现病斑,并引发动植物受到病害。

连阴天,雾霾天,光照不足幼苗烂;

身体表面生斑点,导致腿疼气管炎;

通风消毒防霉变,棚舍垫料勤更换。

第七章 农机使用安全

农业机械是指所有用于农业的机械的总称,包括农用动力机械、农田建设机械、土壤耕作机械、种植和施肥机械、植物保护机械、农田排灌机械、作物收获机械、农产品加工机械、畜牧业机械、农业运输机械、林业机械、渔业机械和蚕桑、养蜂、食用菌类培植等农村副业机械。

拖拉机,旋耕机,服务农业省大力;

播种机,收割机,抢种抢收不着急;

喷雾机,电动机,财政补贴要登记。

一、农机的选购

1. 农机具选购的原则

(1)适用性原则。就是有用、管用、好用,不能让"铁牛"闲置成"死牛"。要适合当地环境条件、适应农艺要求,在动力、速度、容量等性能指标上满足实际需求。

(2)配套性原则。就是统筹安排、协调使用、减少重购。选购新的机具时,要考虑与已有农机的配套,减少不必要的浪费,相互间的连接要恰当,便于装卸。如,拖拉机与配套的农田作业机具挂接方式要一致,挂接点位置要能满足作业要求。

(3)安全性原则。包括作业安全和对人身安全。如,有过热保护、有漏电保护、防止有害物质外漏的保护等,环境噪声、安全警示标志合格、齐全等。

（4）经济性原则。就是物有所值。考虑现实生产规模、经济条件，不要片面追求自动化程度和多功能。机具的功能越多，发生故障机会就越大，可靠性也就越低，作业成本也就越高。另外，要用发展的眼光看问题，结合以后生产发展能力，留有一定的余地，早做打算，以便将来扩大生产规模。

（5）标准化原则。就是配件能通用。通用性好、标准化程度高的机具，维修方便，配件易购，相对维修成本降低、有效利用时间多，经济效益就高。

（6）企业信誉原则。就是买大企业、老品牌的产品。购买信誉高、实力强、服务体系完善的企业产品，对维护利益有好处。

依据以上六大原则，可以确定所选农机的种类、型号、性能指标。

2. 农机具选购的注意事项

（1）仔细看。机身的显著位置是否贴有菱形的"农业机械推广许可证"，或是通过农机产品质量认证即 CAM 认证。机身上应有铭牌标志，内容包括该机的主要参数、生产厂家名称、地址、执行标准代号。从垂直和水平两个角度观察整台机器有无变形，整机外观不能有缺漆、裂纹、严重划痕、鼓泡等现象，机器覆盖件、钣金件应平整光滑。机器上凡是对使用者人身安全有可能产生危害的地方，都应设有安全保护装置，且标志明显。

（2）动手摸。机器各处零、部件是否完整无缺，是否安装规范。所有非调整螺钉、螺柱、螺母都应确实拧紧，并按规定的锁紧办法锁紧；弹簧垫圈使用要保持一致。装有燃油、润滑油、药液、水等液体的容器、管道、接头等处要严密，不能有渗漏。

（3）上机试。机器的所有转动、传动和操纵装置运转要灵活，起动性能良好，发动机工作时运转平稳，燃油燃烧情况和声音正常，方向、刹车、油门等灵敏可靠,无卡滞现象;带有压力容器的液泵压力能达到规定值等。

（4）查附件。购机后要检查随机附件是否齐全。如,产品说明书,里面详细介绍了该产品的构造、工作原理、使用保养、零件图册、三包服务等事项的说明;随机工具箱,一般包括少量易损零件、随机维修工具。

（5）索票证。索取"一票二证",一票即销售发票,二证是指产品合格证和三包服务（保修卡）凭证。

> 机身贴有菱形证,铭牌标清机性能,
>
> 接头严密无渗漏,外观完好不变形。
>
> 螺钉螺母不松动,方向油门感觉轻,
>
> 各种附件都齐全,最后莫忘索票证。

3. 农机的管理

（1）办理农用车辆证照。我国对拖拉机、联合收割机等农机及驾驶人实行牌证管理,上路作业必须证照齐全。农用车辆牌照和驾驶人的驾驶证应向所在地的县级农机监理部门申请登记、办理。对符合办理条件的,农机监理部门应在 2 个工作日内予以登记并核发牌照、行驶证。办理牌照需携带购车发票、安全技术检验合格证、交强险保单、户主身份证等,要填写登记申请表。

农用车辆驾驶申请人年龄在 18—60 周岁,肢体活动健康。通过学习法律法规和农机使用知识,实车操作考试合格,即可领取农机驾驶证、相应等级的国家职业资格证书。

（2）年度检验

农用车辆应该接受农机监理部门的年度检验,这是保证安全生产的重要措施。年检前,应按要求认真维护保养机械,消除安全隐患,确保能正常运行,提高安全性、可靠性,预防和减少事故的发生。

（4）二手农用车过户

由于买卖二手农用车，致使农用车辆所有人发生变更，要经过农机管理部门办理过户手续。否则，就属于非法交易。买卖二手农用车而不过户，可能会对买卖双方造成经济损失。如，原车主欠了别人钱，法院对其财产查封时，这辆车也会被查扣抵押。反之，买车人使用这辆车发生了事故，可能找到原来车主承担民事责任。

买卖二手农用车，双方一定要过户，

农机局里办手续，划清责任不糊涂。

二、农机的安全作业

1. 农用车辆的安全驾驶

（1）遵守交规。农用车辆在道路上行驶，一定要遵守交通规则，在起步、加速、会车、转弯、超车、停车、倒车等过程中要稳。做到不闯红灯、不抢黄灯、不强行超车、不急刹车。

（2）谨慎驾驶。在坡陡弯急的路段，要尽量选择低挡位，上坡保证动力足，下坡发动机的阻力来控制车速。上陡坡时，若有必要，可让同行的人备好垫木、石块，随时跟在车的侧面，防止出现溜车失控。下陡坡时，千万不能空挡滑行，尽量少用刹车，避免急刹车。转陡弯时，要尽量靠右侧缓慢行驶，若仍不能顺利转弯，可采用一次或多次倒车通过。

（3）田间驾驶。农用车辆从道路向田间转移，经过沟、坎、埂、渠时，要垫成斜坡，尽量减小上下坎的坡度，若坡度仍然很大，可采用倒车进田。车辆行进，要保持左右轮的高低一致，防止侧翻；使用低挡位，保证充足动力和恰当的速度，防止陷车。如果出现车辆陷入坑内，应立即停车，不能盲目加油门，以免越陷越深。可把车底下面、车轮前后的多余的土挖去，垫上石块、垫木增加摩擦力。实在不行，就用别的车辆拖出来。夜间作业视野差,要集中注意力,对地块地形要熟悉,必要时,应该安排人员做好标记。

（4）装货要稳。装货做到"四不超、货扎牢":不超长、不超宽、不超高、不超载,超出车厢的货物要用绳子扎牢固、绑结实,防止出现货物刮碰、掉下来,避免出现砸伤行人等事故。

> 开车十大坏习惯:疲劳驾驶最危险,
> 超速超载要罚款,人货混装不安全,
> 起步之前轰油门,单手控制方向盘,
> 排除故障不熄火,空挡溜车往下窜,
> 短暂停车不摘挡,酒后无证傻大胆。
> 一看二慢三通过,村庄路口雨雾天,
> 灯光信号鸣喇叭,始终紧绷安全弦。

2. 农机田间安全作业

农机田间作业安全,包括驾驶员人身健康、机器的正常使用、作业快捷,能高效率、高质量完成作业任务。

（1）联合收割机的安全使用。经过磨合和试运转正常的收割机才可以作业;要通过试割,对收割机的工作性能进行必要的调整;要注意调整好割台高度,设定切割器的最低位置,避免切割器插入泥土中,保持一定高度的割茬;收割机上可乘坐一两个接粮员,无关人员不得上机;作业前观察车辆周围是否有人、接粮员是否准备就绪;作业过程中要注意倾听各部件运转情况,若有异常声响或故障,要停车观察;排除故障,机器要先完全停止运转,严禁机器运转中触摸转动部件。

（2）旋耕机的安全使用。旋耕机两个下悬挂销与拖拉机两个下拉杆用销子连接牢固,旋耕机输入轴与拖拉机输出轴通过万向节连接牢固;万向节转动灵活自如、无卡滞,两个节叉要处在同一平面上,主动轴与从动轴在同一条直线上；作业时，要在车辆起步后缓慢让旋耕机刀片入土，避免猛然入土而损坏机器；转弯或倒车前，提升旋耕机刀片全部出土；田间转移或过沟埂时，把旋耕机提升到最高位置，切断传动轴动力；清除缠草、杂物或紧固、更换刀片时，必须切断旋耕机动力；停车休息时，应使旋耕机下降着地，发动机熄火。

（3）播种机的安全使用。使用前要检查机器，机架横梁必须平直，无弯曲变形，链轮在同一平面无扭曲，链条松紧适当，各部件转动灵活、连接牢固、润滑良好，保证机器性能正常；根据当地实际情况确定行距、株距、播深和播种量，调整机器排种槽轮、开沟器等；在车辆起步后缓慢下降播种机，避免堵塞或损坏开沟器；试播后要检查播种效果，做到深度适宜、种子均匀、覆盖良好，防止断垄、缺苗；播种期间，严禁人员在机组附近走动，防止出现人身伤害事故；出现故障或需要加油、加种、加肥、清理杂物等辅助作业，应停车熄火后进行；地头转弯时，应先将播种机升起，切断排种器和排肥器动力；播完一种作物，要认真清理种子箱和肥料箱，防止品种混杂，防止受潮或锈蚀。

（4）喷雾机的安全使用。

穿长衣，换长裤，戴好眼镜和口罩。

灭病虫，配农药，药液比例要适量。

顺风喷，效果好，可防药液沾身上。

作业中，喷均匀，病虫草害无处藏。

大中午，温度高，容易中暑别干了。

晴天喷，雨天停，喷洒药物跑不掉。

作业后，要洗手，清洗衣裤和口罩。

收割机，旋耕机，各种农机功效高。

省时间，少辛劳，安全作业最重要。

说明书,要细读,操作规程要记牢。

作业前,先检查,技术状况要良好。

车起步,挂机降,鸣响喇叭发信号。

闲杂人,远点站,别让小孩来嬉闹。

车前进,慢转弯,挂机没升不能倒。

勤观察,听声音,出现异常把病找。

动力断,车熄火,排除故障去缠草。

晚加班,明灯照,熟悉地形和地貌。

农忙时,气温高,车上常备急救药。

收机后,勤保养,防止锈蚀别受潮。

3. 电动机械的安全作业

在使用抽水机、粉碎机、脱粒机、碾米机、膨化机、增氧机、换风机等电动农机具过程中,要注意安全用电。

（1）使用前的检查。由专业电工对新安装或百日内未使用的电动机进行绝缘电阻测量;电动机的接地线（或接零线）是否良好;所用电缆线的型号能满足荷载需求,不能使用漏电、断路、短路、线号过细的电缆线;电动机的螺钉是否松动,轴承润滑情况良好;根据电动机的铭牌标志,正确选择电源电压、两相电或者三相电;由专业电工把电缆线连接电动机、电源,防止出现电动机倒转、接线头松动等;检查传动装置,看皮带是否过紧或过松,联轴器是否有断裂、变形情况。

（2）试运转时的注意事项。电动机附近不能有闲杂人和杂物干扰作业;接通电源后,若发现电动机不能转动或启动很慢,声音或传动机械不正常,应立即切断电源;若出现故障跳闸,应立即排除故障,不得强行启动。

（3）作业过程中的注意事项。操作人员不能离开工作岗位,并随时倾听电动机有无异常声音;若出现突然停电,应立即拉下电源开关,将机器调整到停机状态。若出现火灾或其他突发事件,首先要拉下电源开关断电。

（4）转移或维修时的注意事项。需要转移机器、更换熔丝、维修机器等,应在断电情况下进行,不能带电转移或排除故障;要安排专人看守电源闸刀,并悬挂"禁止合闸""正在检修"等字样的警示警告牌,以防有人误将闸刀合上。

（5）常见故障分析与排除。电源不通、熔丝熔断、线圈断路、轴承损坏、负荷过载、电压过低等因素,可能导致电动机不能启动。电动机定子与转子相摩擦、转子风叶与壳体相摩擦、轴承缺油、壳体内有杂物等因素,都可能出现运转时发出异常声响。接错电源线、绕组受潮、绝缘老化、引出线与接线盒碰到壳体、铁心扎破导线、接线板损坏、接地线失灵等因素,可能导致电动机壳体带电、漏电。电压过高或过低、负荷过载、电源缺相、轴承损坏或太紧、绕组或相间短路、风道不畅或风扇损坏等因素,可能导致电动机温度过高或冒烟。转子不平衡、轴头弯曲、地面不平、皮带盘偏心等因素,可能导致电动机抖动。造成电动机出现故障的原因很多,应仔细查看,详细分析出正确原因,根据实际情况排除故障。

> 农业生产要用电,抽水碾米把活干。
>
> 先看电压匹配否,不破不断好导线。
>
> 传送皮带松紧宜,轴承润滑无隐患。
>
> 荷载不能超标准,作业之前要试转。
>
> 抖动冒烟有异响,拉下闸刀仔细看。
>
> 检修要挂警示牌,最好专人把岗站。

三、农机的维护与保养

在农机使用过程中,由于自然和人为因素,经常会有一些零件、部件出现污染、磨损、松动等现象,造成机器不能正常使用,严重的可能危及人身安全。所以,要及时进行检查、调整、紧固、更换、清洗、添加等措施。

农机维修保养时,要做到"一完好、两预防、三灵活、四不漏、五封闭、六个净"。一完好,是指技术状态完好;两预防,是指预防机器因生锈、化学品造成的腐蚀,预防各零部件变形;三灵活,是指操作灵活、转动灵活、升降灵活;四不漏,是指不漏油、不漏电、不漏水、不漏气;五封闭,是指燃油箱口封闭、机油加注口封闭、机油检视口封闭、汽化器封闭、磁电机封闭;六个净,是指燃油净、润滑油净、空气净、冷却水净、机身内外净、维修工具净。

第八章　农产品质量安全

　　农产品是指动物、植物、微生物产品及其直接加工产品,有食用和非食用两类。食用类包括谷类、豆类、薯类、水果、蔬菜等植物性产品,也包括肉、蛋、奶等动物性产品,还包括食用菌类微生物产品。如木材、橡胶、秸秆等农产品,可用于工业原料,是属于非食用类的。

　　食品主要来源于农产品。可食用的农产品经过清洗、脱壳、粉碎、分离、过滤、压榨、蒸煮、油炸、冷冻、烟熏、干燥、混合等加工措施,制作成人们喜爱、富有营养、风味可口、外形美观、耐久保存的多种多样的食品。因此,农产品的质量安全直接关系到食品的质量安全。加强农产品质量安全管理,为人们健康生活筑起安全防护墙。

一、农产品质量安全管理

1.农产品质量安全管理的组织系统

　　农产品质量安全管理,由组织管理系统、认证管理系统、质量监控系统、物质供应系统、质量安全开发系统等组成。

　　从中央到地方各级政府及其农业主管部门、环境主管部门等组成了农产品质量安全管理系统,主要功能是组织、宣传、推动、发展农产品质量安全生产,协调、处理和解决农产品质量安全工作中出现的各种问题。

　　由各级农业、环保、质量监督、卫生、工商、食品和药品监督等部门组成了农产品质量安全监督系统,负责对农产品质量安全生产经营的各个环节进行监督、检查、抽查、处理、处罚,提高农产品质量安全生产经营水平和产品质量水平,实现农产品质量安全。

农产品质量安全认证管理部门,负责对农产品产地认定和产品认证,确定是否有生产质量安全的农产品、食品的条件,生产的产品是否符合农产品质量安全标准,发放相关质量安全农产品证书和标签。

2. 农产品安全危害

在消费和使用农产品过程中,可以构成不安全因素的危害,均属于农产品安全危害。包括农产品中存在食源性细菌病原体、病毒、寄生虫、抗生素、过敏源,含有天然毒素、食品添加剂、农药兽药残留,夹杂有金属、木屑、塑料、毛发等,存在辐射、油炸不当等。

要在农产品生产、运输、储藏、加工、包装等各个环节加强管理和监督,防止出现安全危害。

3. 农业转基因生物标志

农业转基因生物,是指利用基因工程技术改变生物基因组的构成,用于农业生产或农产品加工的动物、植物、微生物及其产品。

转基因农产品存在安全不确定性。转基因生物安全,主要是防范农业转基因生物对人类、动植物、微生物和生态环境构成的潜在的危害。

为了加强转基因生物安全管理,保障人体健康和农业生产安全,保护生态环境,保护消费者的知情权,对于转基因生物及其产品,应直接标注"转基因 ××";对于使用转基因生物及其产品为原料,应标注"转基因 ×× 加工品"或"加工原料为转基因 ××"。

二、农产品质量安全认证

农产品质量安全认证,是由中国国家认证认可监督委员会批准、并依法取得法人资格的认证机构接受农产品生产企业或组织申请，对农产品的安全性进行的产品质量安全认证。

农产品的认证包括：无公害农产品认证、绿色食品认证、有机食品认证。三者生产环境的标准和生产过程控制程度依次提高，认证机构也不同。简单地说，无公害农产品生产中允许使用限定的剧毒农药和化肥，但有毒有害物质残留量控制在国家限定标准以内；绿色食品生产中不使用或很少使用化肥农药，产品几乎没有有毒有害物质；有机食品生产中不使用化学物质。

1. 无公害农产品及其认证

无公害农产品是指产地环境、生产过程、产品质量符合国家有关标准和规范的要求，经认证合格而获得认证证书并允许使用无公害农产品标志的未经加工或初加工的食用农产品。

无公害农产品的生产环境良好，生产和加工过程规范，有害物质残留符合国家标准，是可以放心食用的农产品。

无公害农产品认证申报材料与程序：从中国农产品质量安全网（www.aqsc.gov.cn）下载相关表格并如实填写；提供营业执照、卫生许可证、动物防疫证、屠宰证、水产养殖证等资质证明材料；无公害农产品质量控制措施、生产操作规程；产地环境检验报告和产地环境现状评价报告；无公害农产品定点检测机构抽样检测后出具的产品检验报告。由申请产品认证的单位或个人将上述材料提交给生产所在地的省级农业行政主管部门，提出农产品产地认证申请，经过材料审查、现场检查、产品抽样检验、全面评审合格后，方可获得产地认证证书。获得无公害农产品产地认证证书后，申请人要向农业部农产品质量安全中心提出产品认证申请，经全面评审合格后，方可获得无公害农产品认证证书。认证过程不收费，证书有效期为3年。

2. 绿色食品及其认证

　　绿色食品是指在无污染的条件下种植、养殖,施用有机肥料,不用高毒性、高残留农药,在标准环境、生产技术、卫生标准下加工生产出来的安全、优质、营养类食品。绿色食品来自纯净的自然环境,质量安全标准达到甚至超过了国际有机食品的基本要求。

　　绿色食品认证申报材料与程序:填写《绿色食品标志使用申请书》一式二份;企业营业执照、商标注册证、卫生许可证等资质证明材料;企业管理手册;产品及产品原料生产(种植、养殖)技术操作规程,加工操作规程;产品主要原料的供销合同;产品包装形式等。将上述材料提交所在地绿色食品办公室审核,接受专职管理人员实地考察;考察合格,由绿色食品办公室委托环境监测机构对产品或产品原料的产地进行环境检测与评价,出具《农业环境质量现状调查分析报告》《农业环境质量检测报告》《农业环境质量现状评价报告》。初审合格后,由当地管理部门将材料上报中国绿色食品发展中心。经过中国绿色食品发展中心(或下属机构)材料审查、现场检查、环境质量现状调查、产品抽样检验,全面评审合格后,中国绿色食品发展中心与申请人签订《绿色食品标志使用协议书》,对产品登记编号,颁发绿色食品标志使用证书。证书有效期为 3 年。评审不合格的产品,当年不得再申请。

　　3. 有机产品及其认证

　　有机食品是指在原料生产与产品加工过程中不使用任何人工合成的农药、化肥、除草剂、生长激素、防腐剂和添加剂等化学物质。有机食品的原料必须来自有机农业生产体系或采用有机方式采集的野生天然产品,严格遵循有机食品的加工、包装、储藏、运输标准,有完善的质量控制和跟踪审查体系,有完整的生产和销售记录档案。

　　有机食品认证的程序包括:申请与受理、检查准备与实施、合格评定和认证决定、监督与管理。具体可查阅中国认证机构国家认可委员会制定的《有机产品认证的应用指南》。

有机食品标准高，不用化肥和农药。

绿色食品无残留，生产加工环境好。

放心食品无公害，毒害物质不超标。

国家权威来认证，全程监督质量保。

三、农业生产标准化

农业生产标准化，是对农业经济、技术、科学、管理活动等各类对象制定工作标准，统筹协调农业生产，实现必要且统一的活动。

农业生产标准化包括七项主要内容：农业基础标准、种子和种苗标准、产品标准、方法标准、环境保护标准、卫生标准、农业工程和工程构件标准、管理标准。